岩石荷载速率效应及数值模拟研究

张海龙　汤杨　著

北　京
冶金工业出版社
2021

内 容 提 要

　　本书以岩石力学、岩石流变理论为基础，全面系统地介绍了岩石的强度荷载速率效应和岩石杨氏模量荷载速率效应。揭示了岩体在不同荷载速率下的破坏机理和时间效应，可为地下工程的设计和施工提供理论指导。

　　本书主要作为高等学校土木工程、采矿工程、安全科学与工程、地下工程等专业本科、研究生学习教材；也可供地下工程、岩土工程等相关研究者和工作者参考。

图书在版编目（CIP）数据

　　岩石荷载速率效应及数值模拟研究/张海龙，汤杨著 . —北京：冶金工业出版社，2021. 3
　　ISBN 978-7-5024-8701-0

　　Ⅰ.①岩…　Ⅱ.①张…　②汤…　Ⅲ.①岩石—载荷效应—数值模拟—研究　Ⅳ.①TD31

　　中国版本图书馆 CIP 数据核字（2021）第 017893 号

出　版　人　苏长永
地　　　址　北京市东城区嵩祝院北巷 39 号　邮编　100009　电话　(010)64027926
网　　　址　www.cnmip.com.cn　电子信箱　yjcbs@cnmip.com.cn
责任编辑　夏小雪　美术编辑　吕欣童　版式设计　禹　蕊
责任校对　卿文春　责任印制　李玉山
ISBN 978-7-5024-8701-0
冶金工业出版社出版发行；各地新华书店经销；三河市双峰印刷装订有限公司印刷
2021 年 3 月第 1 版，2021 年 3 月第 1 次印刷
169mm×239mm；7.75 印张；133 千字；116 页
52.00 元

冶金工业出版社　投稿电话　(010)64027932　投稿信箱　tougao@cnmip.com.cn
冶金工业出版社营销中心　电话　(010)64044283　传真　(010)64027893
冶金工业出版社天猫旗舰店　yjgycbs.tmall.com
（本书如有印装质量问题，本社营销中心负责退换）

前　言

<<<<<<<<<<<<<<<<<<<<<<<<<<<<<<<<<<<<<<<<<<<<<<<<<<<<<<<<<<<<<<<

　　岩石力学的应用领域，正随着资源的开发、交通运输的发展以及城市建设的发展而变得越来越广泛。与地上建筑物相比，地下建筑物的设计变更以及中途的调整改正很困难，因此，地下建筑物事前需要进行谨慎细致的设计，以使其使用的时间尽可能长。所以地下建筑物的长期稳定性成为一个亟待解决的问题[1]。岩石的荷载速率依存性和时间依存性行为密切相关，是预测和估计地下建筑物的长期特性和稳定性的重要参数。

　　本书以Ⅰ类岩石（田下凝灰岩、荻野凝灰岩）和Ⅱ类岩石（江持安山岩、井口砂岩）为研究对象，利用自主研发的应力归还法控制的伺服试验系统开展单轴压缩荷载、单轴拉伸荷载条件下的恒定荷载速率、交替荷载速率、加载卸载再加载组合试验，研究岩石强度和杨氏模量的荷载速率依存性，通过岩石的荷载速率效应来评估地下工程的长期稳定性，预测工程寿命，为地下工程的设计和施工提供理论指导。

　　本书由重庆文理学院张海龙、汤杨撰写，其中第1~5章由张海龙老师撰写，第6章由汤杨老师撰写，全书由大久保诚介教授审阅并指导。

　　全书共分为6章。第1章岩石荷载速率效应概述，了解岩石荷载速率效应特征，岩石荷载速率效应发展现状及工程特性。第2章应力归还控制伺服试验系统研制，了解伺服试验控制原理，通过变阻器硬件技术实现应力归还法控制。第3章岩石强度荷载速率依存性，以Ⅰ类和Ⅱ类岩石为研究对象，开展恒定荷载速率、交替荷载速率和加载−卸载−再加载荷载速率试验，掌握岩石强度演化规律和破坏特征。第4章岩石杨氏模量荷载速率依存性，以Ⅰ类和Ⅱ类岩石为研究对象，开展单轴压缩、单轴拉伸荷载速率条件下杨氏模量荷载速率试验，掌握岩石杨氏模量演化规律。第 5 章岩石非线性黏弹性可变模量本构方程，基于 Maxwell 模型，构建考虑时间效应的可变模量本构方程，求解不同荷载条件下方程的解，获得强度的荷载速率模型，分析本构方程中参数功能和获取方法。第 6 章岩石荷载速率数值模拟，求解岩石荷载速率数值计算参数，用构建的可变模量本构方程对岩石强度和杨氏模量荷载速率效应试验结果进行数值计算，对比分析 Ⅰ 类和 Ⅱ 类岩石的时间依存性，预测工程寿命，为地下工程的设计和施工提供理论指导。

本专著的撰写得到了以下基金的资助：

（1）重庆市基础研究与前沿探索专项（重庆市自然科学基金）。

1）岩石荷载速率依存性及围压影响效应研究（cstc2018 jcyjAX0634）；

2）基于 3D-DIC 技术岩石渐进性破坏机理研究（cstc2019jcyj-msxmX0488）。

（2）重庆市教委科学技术项目。

1）深部隧洞岩爆孕育规律及时空演化特征研究（KJQN 201801307）；

2）深部岩体广义流变力学机制及其本构模型研究（KJQN 201901338）。

由于作者水平有限，书中难免存在不足和疏漏之处，恳请各位专家和读者批评指正，以便使本书更加完善。

作　者

2020 年 7 月

目　录

1　岩石荷载速率效应概述

<<<<<<<<<<<<<<<<<<<<<<<<<<<<<<<<<<<<<<<<<<<<<<<<<<<<<<

1.1　岩石时间效应概述

　　岩体是构成地壳的物质基础,人类主要在岩石圈上繁衍生息。矿产资源的开发、能源的开发、交通运输工程的建设、城市建设、地下空间的开发,无不涉及岩体的开挖。随着人类对自然环境需求的增大,工程的规模越来越大,涉及的岩石力学问题也越来越复杂,研究岩石的地质特征、物理性质、水理性质、力学性质等已经成为解决工程问题的重要途径。岩土工程是各项工程建设中的重要部分,地质灾害、污染及其治理等岩土问题是对生态与环境有长远影响的重大战略问题。我国岩土工程尽管已经取得了很大的发展和进步,但在经济合理的设计与施工方面,在工程安全保障方面,在可持续发展等方面还存在许多重大的科技问题[1~5]。岩石作为边坡、围岩的介质,建筑物的基础,其力学特征及稳定性直接影响结构和建筑物的安全。岩石的时间效应是岩石材料变形的重要特性,许多岩土工程与岩石的时间特性有关,越来越多的水利、交通、能源和国防工程在岩石地区相继展开,其设计、施工、运营、稳定性和加固等都直接依赖于节理岩体的强度、变形及破坏等特征,而且这些特性都与时间相关,为确保岩体工程在长期运营过程中的安全与稳定,就需要对岩石时间效应进一步深入研究[6~11]。

1.2　岩石荷载速率效应现状研究

1.2.1　岩石伺服试验技术

　　岩石材料具有较为明显的非线性、非均一性、空间各向异性与不连续性等特点,是在十分复杂的物理化学作用下由多种矿物成分组合而成的,其中各种矿物成分颗粒的晶格排列、力学性质及其相互间连接方式都存在着差异,这些都决定了岩石复杂的力学特性。随着科学技术发展的日新月异,许多新技术、新材料和新方法都被应用于室内岩石力学试验,不断推动着岩石力学室内试验测试技术与仪器设备的更新换代,以下分四个方面对伺服试验技术及进展做概述。

1.2.1.1 岩石常规力学试验技术

国内试验设备制造起步较晚，1964 年，由长江科学院设计并在长春材料试验机厂制成了 3 台长江 500 型岩石三轴试验机[12]，到 1998 年，制造出 30 余台并在全国各科研机构及大专院校中正常运行，这代表了当时中国岩石试验机的最高水平。20 世纪 70 年代末 80 年代初，昆明勘测设计院研制了一台大型三轴仪[13]，最大轴向荷载 3000kN，设计最大侧向应力 15MPa。1993 年，中国科学院武汉岩土力学研究所采用计算机直接控制和伺服控制技术，研制了一套功能多样化、体积小的 RMT-64 岩石力学试验系统[14]，该系统集岩石单轴、三轴与剪切试验功能于一体，最大垂直荷载 600kN，最大水平静载荷 400kN。葛修润院士采用该试验系统，对岩石的 I 型和 II 型分类进行了研究分析。2004 年，长江科学院与长春市朝阳试验仪器有限公司共同研制出一台大吨位、高围压微机控制电液伺服自动控制"TLW-2000 岩石三轴流变试验"[15]。设备配置了德国 DOLI 公司原装进口的全数字伺服控制器、日本松下交流伺服电机、美国泰瑞泰克公司技术生产的岩石变形传感器。其最大加载围压 70MPa，轴向荷载 2000kN，试样尺寸可达 ϕ100mm×200mm。设备稳压系统创新性地采用先进的伺服控制、滚珠丝杠和液压等技术组合，达到了良好的稳压效果。

1.2.1.2 岩石流变特性试验技术

目前，岩土工程稳定性的时间效应越来越得到人们的注重，许多岩土工程的变形与失稳破坏并不是瞬时立即发生的，而是随时间的推移不断发展最终完成的。由于流变现象的普遍存在，对岩石流变力学特性开展试验研究十分必要[16]。1981 年，长江科学院与长春试验机厂采用气液增压技术施加试验力，共同研制了国内真正意义上第一台岩石剪切流变仪[17]。1982 年，同济大学研制了 RV-84 型岩体弱面剪切流变仪[18]。2007 年，河海大学、法国里尔科技大学与法国国家科研中心共同研发了一套岩石全自动流变伺服仪[19]。设备由加压系统、恒定稳压装置、液压传递系统、压力室装置、水压系统、恒温系统、降温循环系统以及自动采集系统组成，可实行全计算机控制与分析、操作全自动化，保证安全、实时、精确的分析流变。自动采集的数据可与计算机交换，实现流变全过程数字化成图，围压的施加范围为 0~60MPa，最大偏压达 200MPa，样品尺寸一般不超过 ϕ50mm×100mm。变形测量是由两个纵向与一个环向高精度 LVDT 传感器测定。该设备体积小、重力轻、精度高、功能全，可以用来进行常规压缩、流变试验、温度应力渗流耦合试验等。2008 年，同济大学开发了一台节理剪切-渗流耦合试验系统[18]，该系统包括法向和切向力加载系统、水压加载系统和渗流剪切盒 3 个部分；最大法向和切向荷载均为 600kN，最大渗透压力为 0.5MPa，可以实现常法向刚度的加载方式。

1.2.1.3 岩石力学多场耦合试验技术

自 20 世纪 80 年代开始，国内外学者开始进行 THMC 及其相互耦合条件下岩石力学特性研究，并研制或改造成功了一些试验设备。例如，90 年代初，成都理工大学把 MTS810 型单轴试验机改造为含常规三轴及带孔隙水压测试功能的试验系统[20]；长春地质学院对其 IN-STRON 试验机进行改造，增加了高温功能；1994 年，中国矿业大学引进了 MTS815 伺服控制岩石力学试验系统，其可独立对孔隙压、围压、轴压进行控制；国家地震局地质研究所研制了有孔隙水压功能的高温高压三轴实验机，能达到的试验温度为 300℃，试验围压为 300MPa，试验孔隙压力为 100MPa；澳大利亚国立大学 M. S. Paterson 教授研制了以氩气作围压介质带孔隙水压的高温高压试验机；美国 MTS 公司、英国 GDS 公司也研制了以油或水作为围压介质的带孔隙水压的高温高压试验系统。MTS 公司的岩石力学试验系统因其功能完善、软硬件接口完备、试验成功率高等特点代表了目前世界一流水平，重庆大学等单位在近几年内均引进了最新的 MTS 岩石试验系统。

1.2.1.4 岩石真三轴试验技术

为了对岩石试件施加真三轴应力，从 20 世纪 60 年代开始许多学者研制了用三对固体活塞对立方体或长方体岩石试件加 3 个主应力的试验装置。70 年代初，日本东京大学茂木清夫教授研制成功用液压施加 σ_3，其他两个主应力仍用固体活塞施加，采取适当减摩措施的岩石真三轴压缩仪，并发表了多篇论文，从此岩石高压真三轴仪基本定型。随后，国外的 INSTRON、SHIMADZU、MTS 等公司凭借其强大的研发能力，在真三轴仪的研制上进一步改进，形成成熟产品。我国真三轴仪的研制始于 80 年代，水电部中南勘测设计院和湖南省水利水电勘测设计院 80 年代初开始研制岩石真三轴仪，中科院武汉岩土力学所于 1989 年成功研制出 RT3 型真三轴仪样机。1994 年，武汉水利电力大学研制了国内第一台带伺服控制的 DMS-800 大型真三轴试验机[21]。

2005 年，中国矿业大学[22]研制了一套能进行岩石三轴拉压、拉剪等多种组合试验和对不同加卸载过程进行模拟的真三轴试验系统。该设备加载方式可以实现三向荷载独立控制，可单向拉、压，亦可一向受拉、两向受压或三向受压。此外，重庆大学、河海大学、香港理工大学等也开展了类似的研究[23,24]，并有真三轴状态下岩石试验研究成果发表。但与国外的产品相比较，国内真三轴仪研究或改造仍处初级阶段，设备相对笨重、操作复杂，在压力伺服控制、软硬件制作、数据自动采集及处理等方面尚存在较大差距。

1.2.2　岩石荷载速率效应

　　岩石荷载速率依存性是岩石重要的时间效应之一，岩石强度随着荷载速率的增加而增大，表现出明显的荷载速率依存特性。国内外学者针对岩石荷载速率依存性做了较多的试验研究，L. Ma 等人[25]对溶灰岩开展了不同应变速率条件下的压缩试验，得出破坏强度和应变速率的关系；J. H. Yang 等人[26]开展了不同位移速率下的砂岩单轴压缩试验、剪切试验和巴西劈裂试验，分析了位移速率对砂岩强度、弹性模量、黏聚力、内摩擦角和破裂模式等物理力学性质的影响。Z. P. Bazant 等人[27]通过尺寸效应的方法，以裂纹开口位移速率作为反馈信号，对石灰石在荷载速率下的断裂物理参数进行了研究，认为随着速率的减小强度减小，破裂过程区域长度和失效脆性在实际中不受荷载速率的影响。H. S. Jeong 等人[28]在非大气环境中对熊本安山岩进行了不同应变速率的试验，随着时间的增加，水、有机蒸汽、甲醇、乙醇和丙酮等对强度都有重要影响。S. Khamrat 等人[29]对花岗岩、大理岩和泥岩进行了风干和饱水状态下的试验，研究了不同应力速率、围压对岩石强度的影响。

　　R D. Perkins[30]等人对 Porphyritic Tonalite 岩石进行了 $10^{-4} \sim 10^{-3}$/s 应变速率下的单轴压缩荷载试验，结果显示应变速率从 3×10^{-4}/s 增加到 6×10^{-1}/s 时，单轴抗压强度和杨氏模量均增加 15%左右；当应变速率超过 10^{-1}/s 时，单轴抗压强度和杨氏模量急剧增大。K. Hashiba[31]通过总结其他学者的研究数据和自己的试验数据，深入研究了不同荷载速率条件下岩石强度与岩石蠕变寿命之间的关系以及尺寸效应对岩石强度的影响，提出了交替变换荷载速率试验，并用该试验方法研究了三城目安山岩、田下凝灰岩等在单轴压缩条件下岩石峰值处的荷载速率依存性[32]。M. Lei 等人[33~35]对田下凝灰岩、三城目安山岩进行了单轴拉伸、单轴压缩、劈裂条件下的交替荷载速率试验，验证了交替荷载速率试验方法可以用来研究不同类型的岩石的荷载速率依存性。

　　S. Okubo 等人[36]对以往的研究成果进行了汇总分析，包括采用不同试验方法时无围压下的压缩强度、间接拉伸强度、剪切强度及围压下的压缩强度的荷载速率依存性。对 11 种岩石进行了荷载速率依存性试验研究，探究了湿度、尺寸、预制裂缝对岩石荷载速率依存性的影响，对比分析了直接拉伸和单轴压缩条件下荷载速率依存性的差异。对煤岩进行了单轴压缩荷载和直接拉伸荷载作用下的试验研究，成功得到全应力应变曲线，并对其峰值强度的荷载速率依存性进行了分析[37,38]。

国内研究方面，吴绵拔[39]研究了加载速率对花岗岩的抗压和抗拉强度的影响，得出了花岗岩的破坏强度随加载速率的提高而明显增加，同时抗压和抗拉强度比值随加载速率的提高而略有增加的结论。金丰年[9]对田下凝灰岩等多种岩石进行不同恒定速率的单轴压缩、直接拉伸及巴西劈裂试验，分析了岩石的强度和杨氏模量的荷载速率依存性。李永盛[40]对红砂岩进行了 9 级不同应变加载速率下的单轴压缩试验，定量分析了应变速率对红砂岩单轴抗压强度、与峰值强度对应的应变、破坏后的变形模量，以及破裂形式等物理力学性态的影响。苏承东等人[41,42]对细晶大理岩试样进行了 6 级应变速率下的单轴压缩试验，分析了应变速率对大理岩峰值强度、弹性模量、峰值应变、泊松比、积聚能、释放能以及破裂形式等力学性质的影响。周辉等人[43]对脆性大理岩进行了巴西劈裂试验，并对断裂端口进行电镜扫描，从宏观和微细观方面分析了不同加载速率条件下硬脆性岩石的断口形貌。刘俊新等人[44]开展了不同应变速率下泥页岩力学特性试验研究，探讨了应变速率对页岩的弹性模量、峰值强度、破裂形态的影响。国内外单纯地以恒定应变速率或恒定应力速率控制研究荷载速率依存性的成果较多，基于应力归还法控制的荷载速率依存性研究还非常少。而荷载速率依存性和时间依存性行为密切相关，是预测和估计地下建筑物的长期特性和稳定性的重要参数。

1.2.3 岩石杨氏模量荷载速率效应

岩石强度荷载速率效应国内外研究较多，但岩石杨氏模量荷载速率效应国内外研究甚少。Okubo[45]对日本七种岩石进行了杨氏模量荷载速率依存性试验，由于杨氏模量荷载速率效应试验对数据的精度要求非常高，得到的试验数据离散型较大，因而进行了归一化数据处理，把 50% 的杨氏模量用 10% 的模量进行归一化，10% 的模量是通过加载到 10% 模量后再卸载而获得的，此种方法对处理数据的离散型有很大的帮助，安山岩、砂岩和两种凝灰岩都显示出了很好的杨氏模量荷载速率效应，随着加载速率的增大，其杨氏模量也增大。其中三城目安山岩当加载速率增大到 10 倍后其杨氏模量大约增加

2%。但是像大理石、花岗岩和部分砂岩随着加载速率的增大杨氏模量反而减小。福井胜则[46]在三城目安山岩和田下凝灰岩单轴拉伸荷载速率依存性试验中分析了拉伸初始模量的荷载速率效应，发现随着加载速率的增大，拉伸初始模量也增大，并显出良好的线性关系。

1.2.4　岩石时间效应本构模型

到目前为止，已提出的岩石力学本构模型的种类很多，表达形式和适用范围也各不相同。按是否考虑岩石时间效应来区分，可以分为两大类。一类为不考虑时间效应的本构模型，其中有弹性模型、弹塑性模型、非线性弹性模型以及非线性弹塑性模型等；另一类为考虑时间效应的本构模型，其中有黏弹性模型、黏弹塑性模型，以及非线性黏弹性模型等。佘成学[47]引进岩石时效强度理论及 Kachanov 损伤理论，建立以时间变量表示的岩石损伤表达式，及包含加载时间、加载应力等变量在内的岩石黏塑性流变参数非线性表达式，代入西原模型后即建立非线性黏弹塑性蠕变模型。金丰年[9]阐述了岩石具有较强的非线性特性和时间效应，并且较完整地叙述了压应力和拉应力下的荷载速率依存性，通过自主研发的伺服试验机得到单轴拉伸试验的完全应力-应变曲线，提出了基于弹簧模型的可变模量本构方程，并把该本构方程嵌入到有限元中对隧道变形和开挖过程进行了三维数值计算。S. Okubo 等人[48]基于弹簧模型的可变模量本构方程求解了恒定应变速率、恒定应力速率、蠕变和松弛条件下的解析解，并通过试验方法研究了本构方程中参数的精确求法，解析解能够较好地模拟峰前区域试验结果。之后，S. Okubo[49]在一个弹簧模型的基础上又提出了非线性 Maxwell 模型（即在弹簧模型上追加了阻尼器），成功地把弹性应变和非弹性应变进行了分离，并求解了恒定应力速率和蠕变条件下的解析解，对风干和饱水状态下的多孔岩石（泥质砂岩、大谷凝灰岩、田下凝灰岩和河津凝灰岩）的全应力-应变试验曲线在参数假设的条件下用该模型进行了数值计算。S. Okubo[50]又在此非线性 Maxwell 模型的基础上求解了低应力水平下广义应力松弛的解析解（假设低荷载条件下可变模量恒定）。本书作者在此基础上用非线性 Maxwell 模型的可变模量本构方程对三城目安山岩的全应力-应变曲线、蠕变曲线和广义应力松弛（应力水平为 50%、65%、80%）进行了数值计算，低应力水平下计算结果和试验结果一致性较好；但在高应力下，计算结果和试验结果差异性较大，需要继续修改和完善该本构方程。在单轴拉伸荷载条件下，S. Okubo[51]通过 3 个可变模量本构模型（弹簧模型、Maxwell 模型和两个弹簧串联模型）对煤岩的单轴拉伸试验结果进行了数值计算，并比较了 3 个模型的优缺点。K. Hashiba[52]对弹簧模型、两个弹簧串联模型和 Maxwell 模型进一步做了比较和总结，求解了峰前、峰后区域的恒定应力和蠕变条件下的解析解，并对三城目安山岩（风干和饱水）、河津凝灰岩（风干和饱水）和花岗岩（风干）在单轴压缩和单轴拉伸条件下本构方程中参数的值做了统计和对比分析研究。

2 应力归还控制伺服试验系统研制

应力归还法是把应力和应变的线性组合作为控制信号反馈给伺服放大器，应变速率控制和应力速率控制是应力归还法的两种特殊形式。本章在综合考虑实验室荷载加载条件、试件尺寸、试验台的操作和试验流变等因素的影响下，运用变阻器硬件技术实现应力归还法。应力归还法的主要优点就是能够完整地获得Ⅱ类岩石峰后曲线，较全面、系统和精确研究峰前、峰值和峰后区域荷载速率依存性，尤其对Ⅱ类岩石峰后区域时间依存性的解释非常重要。

2.1 应力归还法原理

国内外对伺服试验机的研究成果很多，但更多注重获得岩石峰前区域特性。峰后区域岩石的特性更多地和矿柱、肋壁、隧道等许多地下工程相联系，岩石峰后区域性质的获得比较难的是试件破坏时会出现不稳定现象，目前的试验机，当达到岩石的破坏强度时，试件突然破坏，很难控制峰后。为了防止出现这种现象，设计试验机时，可通过调小液压缸油源体积、热收缩和放置刚性柱的方法来使试验机刚性变大[53]。目前伺服试验机非常流行，可通过恒定位移（应变）速率、恒定应力速率等控制方法来进行岩石的各种试验。传统的伺服试验机有位移控制（应变控制），即把位移（应变）作为控制信号反馈给伺服放大器进行试验；荷载控制（应力控制），即把荷载（应力）作为控制信号反馈给伺服放大器来执行试验。依照岩石单轴压缩试验破坏过程，W. Wawersik[54]把岩石分为Ⅰ类和Ⅱ类，如图2.1所示，Ⅰ类岩石是指在加载应力达到破坏强度时，峰后应力缓慢下降，表现出应变软化，峰后曲线斜率总是负的情况。这种岩石的全应力-应变曲线通过常用的伺服试验机，采用位移控制（应变控制）能够很容易的获得。Ⅱ类岩石在达到破坏强度后会突然破坏，应力急剧下降，如果采用位移控制（应变控制），很难完整的获得Ⅱ类岩石峰后曲线。为了对Ⅱ类岩石进行稳定控制，国内外学者进行很多尝试，如将径向位移或独立的变量作为反馈信号反馈给伺服试验机[55]。Y. Nichimatsu[56]采纳了这种方法并执行了Ⅱ类岩石的全应力-应变曲线试验。

M. Terada[57]等人采用声发射速率（AE 速率）作为反馈信号反馈给伺服放大器进行了单轴压缩荷载试验。O. Sano[58]等人尝试采用非弹性体积速率作为反馈信号进行了一系列的试验，对 II 类岩石的控制取得了较好的结果。S. Okubo[53]等人把应力和应变的线性组合作为伺服试验机的反馈信号，对 I 类和 II 类岩石进行单轴压缩试验，并与径向位移作为反馈信号的试验进行了对比分析研究。P. Z. Pan[59]等人通过弹塑性元胞自动机（EPCA）把应力和应变的线性组合反馈给控制变量，对单轴压缩条件下 I 类和 II 类岩石破坏过程成功进行了数值计算，但未进行荷载速率相关的试验研究。

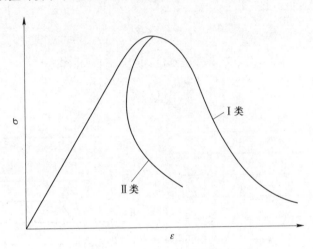

图 2.1　I 类和 II 类岩石完整的应力-应变曲线

2.1.1　应变速率控制

　　I 类岩石的应力-应变曲线与控制线 $\varepsilon_i = Ct_i$ 有唯一的交点，从而应变速率控制能获得完整的应力-应变曲线。II 类岩石的控制线 $\varepsilon_i = Ct_i$ 在峰前与应力-应变曲线有唯一的交点；但在峰后区域，控制线 $\varepsilon_i = Ct_i$ 与应力-应变曲线有多个交点，从而应变加载在峰后不能稳定控制 II 类岩石，如图 2.2 所示。

2.1.2　应力速率控制

　　I 类和 II 类岩石的峰前应力-应变曲线与控制线 $\sigma_i = Ct_i$ 有唯一的交点，从而应力速率在峰前能稳定控制 I 类和 II 类岩石，但峰后控制线 $\sigma_i = Ct_i$ 与应力-应变曲线没有交点，从而不能稳定地控制峰后 I 类和 II 类岩石，如图 2.3 所示。

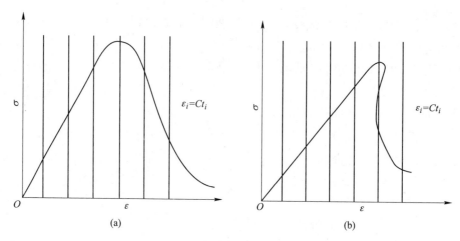

图 2.2　应变速率控制的应力-应变曲线

（a）Ⅰ类岩石；（b）Ⅱ类岩石

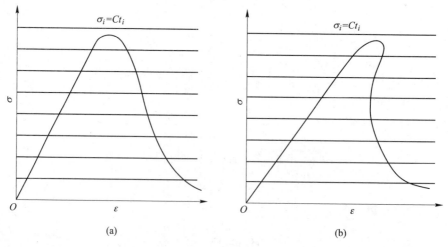

图 2.3　应力速率控制的应力-应变曲线

（a）Ⅰ类岩石；（b）Ⅱ类岩石

2.1.3　应力归还法控制

应变速率控制即把应变作为控制变量反馈给伺服阀，应力速率控制即把应力作为控制变量反馈给伺服阀，而应力归还法[53]则是通过应力和应变的线性组合作为控制变量反馈给伺服阀，其基本公式为：

$$\varepsilon - \alpha \frac{\sigma}{E} = Ct \qquad (2.1)$$

式中　ε——应变；

　　　σ——应力；

　　　C——荷载速率；

　　　t——时间；

　　　α——应力归还量；

　　　E——弹性模量。

图 2.4 所示为应力和应变的线性组合信号反馈给伺服阀的组合原理。即由 LVDT 检测的应变（位移）信号输入位移放大器，由荷重计（Load Cell）检测的应力（荷载）信号输入荷载放大器，将位移放大器和荷载放大器检测的信号经过式（2.1）线性组合后再输入伺服阀，以实现应力归还法。

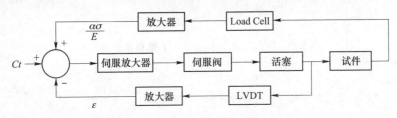

图 2.4　应力归还法信号组合示意图

若仅考虑将应变信号反馈给伺服阀，则可令 $\sigma = 0$，由式（2.1）得式（2.2）：

$$\varepsilon = Ct \tag{2.2}$$

即为应变速率控制方式。

若仅考虑将应力信号反馈给伺服阀，则可令 $\varepsilon = 0$，由式（2.1）可得到式（2.3）：

$$\sigma = -\frac{E}{\alpha}Ct = C't \tag{2.3}$$

即为应力速率控制方式，可见，应变速率控制和应力速率控制是应力归还法的两种特殊形式。

如图 2.5 所示，采用应力-应变线性组合（$\varepsilon - \alpha\sigma/E$）作为伺服控制系统的反馈信号，不管是峰前还是峰后区域，控制斜线 $\varepsilon_i - \alpha\sigma_i/E = Ct_i$ 与 I 类还是 II 类岩石有唯一交点，从而应力归还法可非常稳定地控制 I 类和 II 类岩石峰后的破坏过程，能够获取完整的全应力-应变曲线。应力归还法的主要优点就是能够完整的获得 II 类岩石峰后曲线，能够全面、系统和精确研究峰前、峰值和峰后区域荷载速率依存性，此方法对定量研究不同区域的荷载速率依存性很有必要，尤其对Ⅱ类岩石峰后区域时间依存性的解释也很重要。

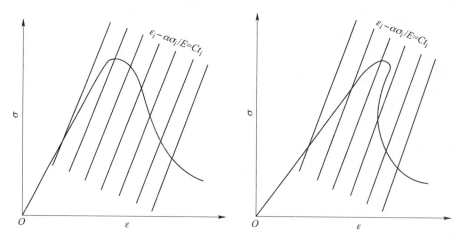

图 2.5   应力归还法示意图（Ⅰ类和Ⅱ类岩石）

2.2   应力归还控制硬件实现技术

应力归还法是通过变阻器硬件技术在伺服试验机上实现的，即通过设计的变阻器 VR1 和变阻器 VR2（其中 VR1 连接 LVDT，应变信号通过 VR1 后反馈给伺服放大器 Feedback#1 端，简称 FB#1；VR2 连接 Load Cell，应力信号通过 VR2 后反馈给伺服放大 Feedback#2，简称 FB#2），将 FB#1-应变信号端和 FB#2-应力信号端的信号进行内部加算或减算，将运算结果（本书作者对 KSAM-40i 伺服放大器进行了内部线路改造以实现加算、减算）信号输入到伺服阀，并在与指令信号进行对比后将误差信号反馈给伺服试验机以实时控制活塞的运动，从而实现伺服试验机的应力归还法。在变阻器 VR1 和变阻器 VR2 中分别设有两个终端接头（即 VR11 和 VR13 以及 VR21 和 VR23）和一个调节旋钮（即 VR12 和 VR22），如图 2.6 所示。

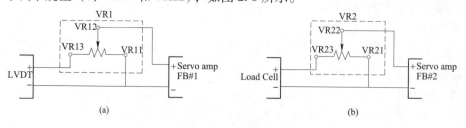

图 2.6   应力归还法硬件实现示意图

（a）变阻器 VR1；（b）变阻器 VR2

（1）当 VR12 旋转到 VR13 且 VR22 旋转到 VR21 时，即 VR1 的电阻值为 0 且 VR2 的电阻为最大值，表示应力信号没有输入到伺服放大器 FB#2 中但应变信号全部输入到伺服放大器 FB#1 中，与式（2.2）相对应，此时为应变速率控制。

（2）当 VR12 旋转到 VR11 且 VR22 旋转到 VR23 时，即 VR1 的电阻为最大值且 VR2 的电阻值为 0，表示应变信号没有输入到伺服放大器 FB#1 中但应力信号全部输入到伺服放大器 FB#2 中，与式（2.3）相对应，此时为应力速率控制。

（3）当 VR12 旋转到 VR11 和 VR13 中间某值且 VR22 旋转到 VR21 和 VR23 中间某值处时，VR1 把折减后的应变信号反馈给伺服放大器 FB#1 中，同时 VR2 把折减后的应力信号反馈给伺服放大器 FB#2 中，伺服放大器对 FB#1-应变信号和 FB#2-应力信号进行内部加算或减算，把运算结果信号输入到伺服阀，与式（2.1）相对应，此时为应力归还法。应力归还量 α 的值为 VR12 和 VR22 对应的电阻比值 β 与系数 k 的乘积，即：

$$\alpha = k\beta \tag{2.4}$$

式中，系数 k 与弹性模量、应力和应变的灵敏度等有关[53]。

2.3 应力归还控制伺服试验系统组成

应力归还控制伺服试验系统工作原理如图 2.7 所示，本书作者自主研发

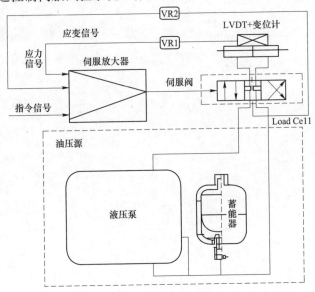

图 2.7 应力归还控制伺服试验系统工作原理

的应力归还控制伺服试验系统如图 2.8 所示，应变信号、应力信号和指令信号同时进入伺服放大器，其工作原理如下：

（1）从 LVDT 测量的应变信号经过变阻器 VR1 折减。

（2）从 Load Cell 测量的应力信号经过变阻器 VR2 折减。

（3）在伺服放大器中，对内部线路进行改造——可实现信号的加算/减算，对应力信号和应变信号进行线性组合，即为（$\varepsilon-\alpha\sigma/E$）。

（4）将组合信号（$\varepsilon-\alpha\sigma/E$）与指令信号进行对比，把两者差信号反馈给伺服阀，差信号实现油缸活塞运动的实时控制，从而达到对伺服试验机应力归还控制的目的。

（5）伺服控制试验系统油压源由液压泵和蓄能器构成，对整个伺服系统提供动力。

图 2.8   应力归还控制伺服试验系统

3 岩石强度荷载速率依存性

3.1 试验方法

3.1.1 岩样采集与试件制备

　　岩石物理力学性质试验的目的是为岩石力学工程设计提供有关的物理力学参数，而试验能否反映出岩石的基本情况，虽然与试验人员的技术水平、仪器设备性能和试验方法等有关，但与所用的岩样关系更大，因而岩样是试验结果能否正确反映岩石固有特性的关键。本书采集了日本的田下凝灰岩、荻野凝灰岩、江持安山岩和中国重庆的井口砂岩及花岗岩作为试验研究对象。田下凝灰岩产于日本枥木县宇都宫市，分布在大谷凝灰岩的下部岩层，其特点是几乎无黑色斑点、不容易变色，耐火、强度高、密度大，含有玻璃质碎屑形成的蓝色矿物，故整体呈蓝色，还可观察到被认为是由熔接作用形成的流纹构造；因含有一定的方解石，其局部质地较为坚硬。岩石的孔隙率为20%~30%，属多孔隙岩石。荻野凝灰岩产于福岛县高乡村荻野，属于凝灰岩类，其特点是吸水后变蓝色，不太硬、吸水性高。江持安山岩产于福岛县须贺川市江持地区，斑晶少、均质、致密、耐火的安山岩，质地硬、吸水好。砂岩取自重庆沙坪坝区井口镇，属陆源细粒碎屑沉积岩，粒径为 0.1~0.5mm，主要成分为石英、长石、燧石和白云母等，砂岩质地较均匀，各向同性性状较好，颜色光泽、孔隙率较小。由于岩石是由矿物集合而成的，所以具有很大的非均匀性。对于沉积岩，受其内部层理、裂隙、节理和软弱夹层等的影响，岩石的力学性质会表现出极大的离散性，如果不能消除这种离散性带来的影响，则会掩盖其他参数的作用，导致试验无法达到既定的目的。

　　因此，在研究岩石的力学性质时，必须排除因试件差异造成的误差，严格的采样、加工与筛选尤为重要。

　　(1) 采集。田下凝灰岩产于日本枥木县宇都宫市，荻野凝灰岩产于福岛县高乡村荻野，江持安山岩产于福岛县须贺川市江持地区，砂岩取自重庆沙坪坝区井口，为使岩样保持原有的力学性质，应使其原有的状态（矿物成分、粒度、结构构造，裂隙节理发育度，风化程度等）尽可能不受破坏。

（2）加工。岩石取芯采用手控进钻，而非机械的匀速进钻，钻头进取用力均匀，取出的岩芯切割后用意大利 CONTROLL 公司生产的高精度端面磨平机进行精磨，如图 3.1 所示，制备加工的岩石试件应符合国际岩石力学标准。

图 3.1   岩石试件加工设备

（3）筛选与分组。对加工完成的试件要进一步筛选，首先剔除表面有明显破损和可见裂纹的试件，然后剔除尺寸和平整度不符合要求的试件。完成以上步骤后，把试件在自然条件下风干两周以上，之后再开展试验，以排除含水率对试验结果的影响。加工完成的试件如图 3.2 所示。

3.1.2   基本物理力学参数测定

3.1.2.1   物质组成

为了解田下凝灰岩、荻野凝灰岩、江持安山岩、砂岩的颗粒结构和成分组成，进行电镜扫描，取不同种类岩石，加工成表面积 $1cm^2$ 左右的薄片，并对其表面进行打磨抛光。放置于 105℃恒温箱内烘干 48h 以上使其处于干燥状态，冷却后对表面进行喷金处理，用 TESCAN VEGA 3 LMH SEM 和能谱分析仪即扫描电镜能谱（SEX-EDX）进行物质组成分析[60~62]，扫描电镜及能谱结果如图 3.3~图 3.6 所示。

田下凝灰岩物质组成较为丰富，含有丰富的 Albite（钠长石）、MgO（氧化镁、Al_2O_3（氧化铝）、SiO_2（硅石）、MAD-10 Feldspar（长石）、Wollastonite

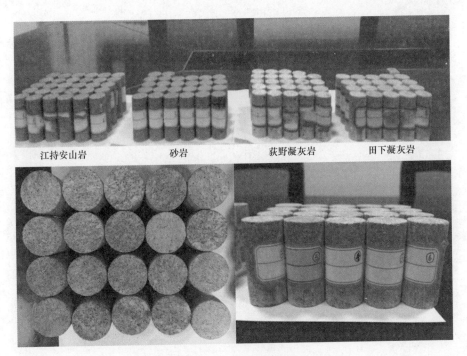

江持安山岩　　　砂岩　　　获野凝灰岩　　　田下凝灰岩

图 3.2　部分试件照片

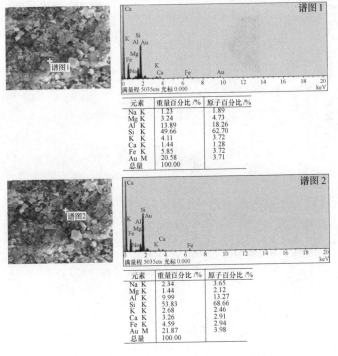

谱图1

元素	重量百分比 /%	原子百分比 /%
Na K	1.23	1.89
Mg K	3.24	4.73
Al K	13.89	18.26
Si K	49.66	62.70
K K	4.11	3.72
Ca K	1.44	1.28
Fe K	5.85	3.72
Au M	20.58	3.71
总量	100.00	

谱图2

元素	重量百分比 /%	原子百分比 /%
Na K	2.34	3.65
Mg K	1.44	2.12
Al K	9.99	13.27
Si K	53.83	68.66
K K	2.68	2.46
Ca K	3.26	2.91
Fe K	4.59	2.94
Au M	21.87	3.98
总量	100.00	

图 3.3　田下凝灰岩的 SEM 及 EDX 结果

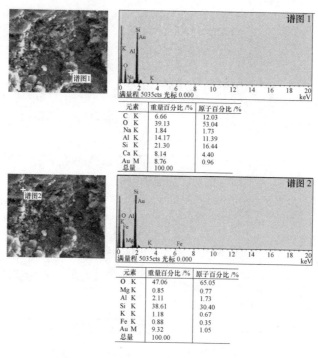

元素	重量百分比 /%	原子百分比 /%
C　K	6.66	12.03
O　K	39.13	53.04
Na K	1.84	1.73
Al K	14.17	11.39
Si K	21.30	16.44
Ca K	8.14	4.40
Au M	8.76	0.96
总量	100.00	

元素	重量百分比 /%	原子百分比 /%
O　K	47.06	65.05
Mg K	0.85	0.77
Al K	2.11	1.73
Si K	38.61	30.40
K　K	1.18	0.67
Fe K	0.88	0.35
Au M	9.32	1.05
总量	100.00	

图 3.4　荻野凝灰岩的 SEM 及 EDX 结果

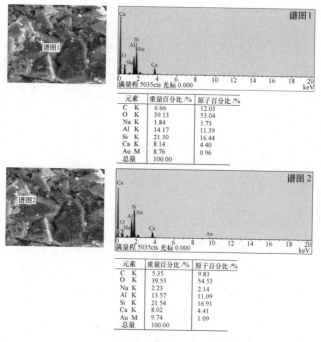

元素	重量百分比 /%	原子百分比 /%
C　K	6.66	12.03
O　K	39.13	53.04
Na K	1.84	1.73
Al K	14.17	11.39
Si K	21.30	16.44
Ca K	8.14	4.40
Au M	8.76	0.96
总量	100.00	

元素	重量百分比 /%	原子百分比 /%
C　K	5.35	9.83
O　K	39.55	54.53
Na K	2.23	2.14
Al K	13.57	11.09
Si K	21.54	16.91
Ca K	8.02	4.41
Au M	9.74	1.09
总量	100.00	

图 3.5　江持安山岩的 SEM 及 EDX 结果

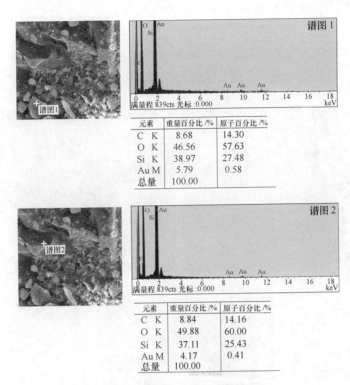

图 3.6　砂岩的 SEM 及 EDX 结果

（钙硅石）、Fe 等。可以看到，岩石中铝、铁等金属含量较高，所以，该矿物中可能含较高的铁长石。矿物质地都较松软，强度较低。

获野凝灰岩物质组成较为丰富，含有丰富的 SiO_2（硅石）、MgO（氧化镁）、Al_2O_3（氧化铝）、Albite（钠长石）、MAD-10 Feldspar（长石）、Wollastonite（钙硅石）、Fe 等。可以看到，岩石中铝、铁等金属含量较高，所以，该矿物中可能含较高的铁长石。矿物质地都较松软，强度较低。

江持安山岩物质组成较为丰富，含有丰富的 SiO_2（硅石）、Al_2O_3（氧化铝）、$CaCO_3$（氧化钙）、Wollastonite（钙硅石）等。可以看到，岩石中铝、钙和硅石铁等含量较高，所以，该矿物中可能含较高的钙矿石。矿物质地都较硬，强度较高。

由砂岩的电镜扫描及能谱结果可知选用的砂岩质地较为纯净，主要为 $CaCO_3$ 和 SiO_2（表中的 Au 为喷金残留所致）。

3.1.2.2　表面孔隙结构

试验主要采用扫描电子显微镜（SEM）对破坏后的岩石碎片表面进行扫

描放大处理，观察岩石孔隙结构，测量岩石晶体粒径。扫描结果分别如图 3.7~图 3.10 所示。

图 3.7 所示为田下凝灰岩的 SEM 图像，可看到其粒径在 0.4mm 左右，颗粒间胶结物含量高。属于孔隙胶结类型，岩石强度较低。

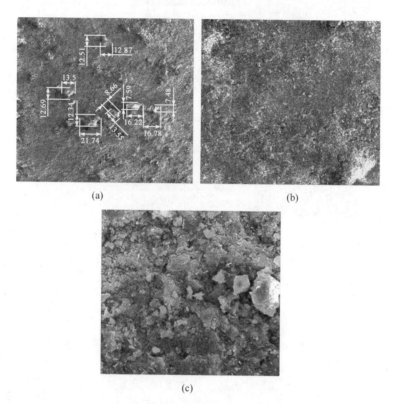

图 3.7 田下凝灰岩的 SEM 图像

(a) 田下凝灰岩（×30）；(b) 田下凝灰岩（×200）；(c) 田下凝灰岩（×2000）

图 3.8 所示为荻野凝灰岩分别放大 30 倍、200 倍、3000 倍的 SEM 图像。该凝灰岩粒径在 0.4mm 之间，颗粒间胶结物含量高，属于孔隙胶结类型，岩石强度较低。

图 3.9 所示为江持安山岩分别放大 30 倍、200 倍、3000 倍的 SEM 图像。可看到该砂岩粒径在 0.1~0.5mm 之间，岩屑颗粒分布较均匀。可属于孔隙胶结类型，泥质中等程度胶结，胶结物与岩石颗粒之间胶结密切，岩石强度较高。

图 3.10 所示为砂岩分别放大 30 倍、200 倍、2000 倍的 SEM 图像。可看

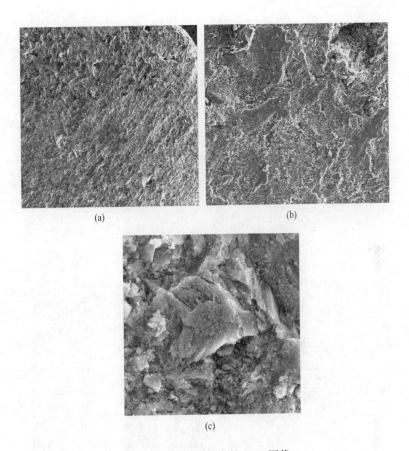

图 3.8　荻野凝灰岩的 SEM 图像

(a) 荻野凝灰岩（×30）；(b) 荻野凝灰岩（×200）；(c) 荻野凝灰岩（×3000）

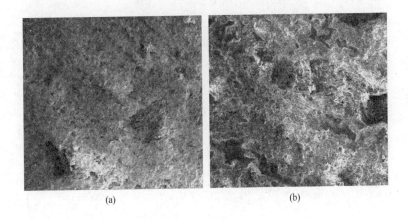

(c)

图 3.9 江持安山岩的 SEM 图像

（a）江持安山岩（×30）；（b）江持安山岩（×200）；（c）江持安山岩（×3000）

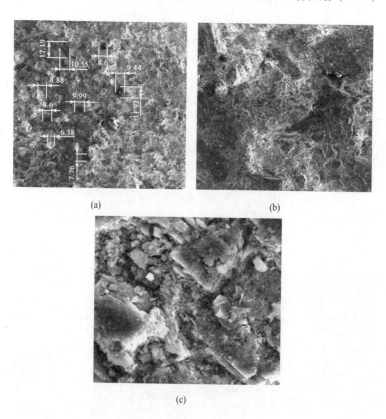

(a) (b)

(c)

图 3.10 砂岩的 SEM 图像

（a）砂岩（×30）；（b）砂岩（×200）；（c）砂岩（×2000）

到该砂岩粒径在 0.1~0.5mm 之间，岩屑颗粒分布较均匀。属于孔隙胶结类型，泥质中等程度胶结，胶结物与岩石颗粒之间胶结密切。

3.1.2.3 基本物理力学参数

四种岩石力学参数见表 3.1，Ⅰ类岩石（田下凝灰岩和荻野凝灰岩）的单轴压缩、直接拉伸的强度和杨氏模量明显小于Ⅱ类岩石（江持安山岩和井口砂岩）的，4 种岩石中，井口砂岩的密度最大，田下凝灰岩泊松比最小。

表 3.1 四种岩石基本力学参数

岩石	密度 /g·cm⁻³	单轴抗压强度/MPa	单轴压缩弹性模量/GPa	单轴压缩泊松比	直接拉伸强度/MPa	直接拉伸弹性模量/GPa
田下凝灰岩	1.77	22.53	4.55	0.22	2.19	4.19
荻野凝灰岩	1.69	26.13	4.56	0.23	2.80	4.50
江持安山岩	2.21	79.31	8.90	0.25	4.50	9.21
井口砂岩	2.24	63.58	12.42	0.24	3.80	10.22

3.1.3 试验步骤

（1）单轴压缩荷载试验。

1）通过电阻器，设定 VR1 和 VR2 的值，预设应力归还量 α（应力归还法）。

2）安装试件。

3）通过变位计按钮施加 1% 的预应力。

4）打开数据记录仪，设定应变、应力、指令、差信号等通道。

5）通过电流电压发生器 6146 的控制程序设定，实现恒定荷载速率、交替荷载速率和加载-卸载-再加载荷载速率试验。

6）开始试验。

（2）直接拉伸荷载试验。

1）打开试验机，开启控制器、位移计、荷重计及数据记录仪。

2）调节控制器，将上压头升至最高，留下 20mm 的操作空间。

3）用热风枪加热环氧树脂至半固态，按环氧树脂 E44 与固化剂 953 质量比 7:1 的比例称取树脂与固化剂，并混合充分搅拌。

4）将混合好的树脂均匀涂抹至清洁的试件上下两个端面，置于上下加压头的中心位置，缓慢降下上压头，挤压出多余的树脂，并保持恒定压力 500N，待环氧树脂固化时间达到 24h。

5）24h 后，将压力卸载至 0 保持不少于 20min，按实验要求调整控制器中的各参数（加载路径、步长、步幅、临界值等），开始试验，采集数据。

6）试验结束后，停止采集，取下破坏的试件，关闭实验系统。

7）拆卸下上下加压头，放入 250℃烘箱中烘烤 30min 后取出，放凉后除去残渣，依次用粗糙度 800Cw 和 2000Cw 的砂纸进行打磨、抛光，用清洁剂擦拭干净后装回试验机准备下次试验。

8）此外，为了进行直接拉伸试验，必须解决黏接剂问题，对于黏接剂的要求有：有足够的黏接强度，能稳定地将试件端部和上下加压头黏结在一起；足够好的力学性能，既要有较高的抗拉强度；至少要明显高于试件的抗拉强度，又要有足够的刚度，实验过程中不会发生明显的变形，从而影响唯一的测量精度；较好的长期稳定性，黏接剂在长时间受力的情况下不能发生明显的破裂、变形，更不能产生松动，否则直接影响测量数据的准确性；较好的操作性，既要易于实验室条件现场制备，有足够的时间进行黏接操作，又要有较快的固结速度，试验后的黏接剂要便于清理，且黏接剂无毒无挥发性。考虑上述因素，本书试验最终采用黏接剂为环氧树脂 E44 与固化剂 953 的混合剂。

3.2 加载方式

（1）恒定荷载速率试验（Constant Loading Rate-CLR）。单轴压缩应力下执行 2 种 I 类岩石（田下凝灰岩和荻野凝灰岩）和 2 种 II 类岩石（江持安山岩和井口砂岩）试验，恒定荷载速率从低到高分别为 1×10^{-6}/s、1×10^{-5}/s、1×10^{-4}/s、1×10^{-3}/s，试验中对 2 种 I 类岩石（田下凝灰岩和荻野凝灰岩）采用恒定应变速率控制（$\alpha = 0$），对 2 种 II 类岩石（江持安山岩和井口砂岩）采用应力归还法（$\alpha = 0.3$）；直接拉伸应力下对田下凝灰岩进行了恒定应变速率控制（$\alpha = 0$），其速率从低到高分别为 1×10^{-7}/s、1×10^{-6}/s、1×10^{-5}/s、1×10^{-4}/s；间接拉伸（即巴西劈裂）试验，对 I 类岩石（田下凝灰岩）和 II 类岩石（砂岩）分别进行了 5×10^{-6} mm/s、5×10^{-5} mm/s、5×10^{-4} mm/s、5×10^{-3} mm/s 的位移控制试验。

（2）交替荷载速率试验（Alternately Loading Rate-ALR）。试验原理图如图 3.11 所示，即从原点开始以速率 C_1 进行加载，经过应变间隔为 $\Delta \varepsilon$ 后，转

换为以速率 C_2 （$C_2 = 10C_1$）进行加载。单轴压缩应力下进行了 2 种 Ⅰ 类岩石（田下凝灰岩和荻野凝灰岩）试验，采用恒定应变速率控制（$\alpha = 0$）；2 种 Ⅱ 类岩石（江持安山岩和井口砂岩），采用应力归还法（$\alpha = 0.3$、0.4）。交替速率为 $1 \times 10^{-5} \sim 1 \times 10^{-4}/s$，$1 \times 10^{-6} \sim 1 \times 10^{-5}/s$，应变间隔为 $5 \times 10^{-5}s$；直接拉伸应力下对田下凝灰岩进行了应变速率控制（$\alpha = 0$）的交替试验，交替速率为 $1 \times 10^{-6} \sim 1 \times 10^{-5}/s$，$1 \times 10^{-7} \sim 1 \times 10^{-6}/s$，应变间隔分别为 $5 \times 10^{-5}s$ 和 $5 \times 10^{-6}s$；间接拉伸（即巴西劈裂）试验，对 Ⅰ 类岩石（田下凝灰岩，荻野凝灰岩）和 Ⅱ 类岩石（江持安山岩和砂岩）进行了应变速率控制的试验。

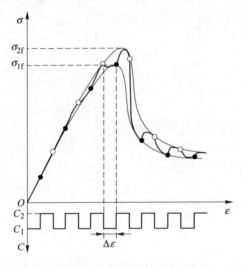

图 3.11　交替荷载速率试验示意图

（3）加载–卸载–再加载试验（Loading Unloading Reloading-LUR）。试验原理如图 3.12 所示，即从原点开始以速率 C_1 进行加载（应变间隔为 $\Delta\varepsilon$），然后以速率 C_1 进行卸载（卸载量为 $\Delta\sigma$），最后以速率 C_2 进行再加载（$C_2 = 10C_1$，应变间隔为 $\Delta\varepsilon$）。单轴压缩应力下进行了 2 种 Ⅰ 类岩石（田下凝灰岩和荻野凝灰岩）试验，采用恒定应变速率控制（$\alpha = 0$），其低加载速率为 $1 \times 10^{-6}/s$，低卸载速率为 $-1 \times 10^{-6}/s$，高加载速率为 $1 \times 10^{-5}/s$；2 种 Ⅱ 类岩石（江持安山岩和井口砂岩）采用应力归还法（$\alpha = 0.3$、0.4），低加载速率为 $1 \times 10^{-5}/s$，低卸载速率为 $-1 \times 10^{-5}/s$，高加载速率为 $1 \times 10^{-4}/s$；间接拉伸下进行了 2 种 Ⅰ 类岩石（田下凝灰岩和荻野凝灰岩）和 2 种 Ⅱ 类岩石（江持安山岩和井口砂岩）试验，均采用恒定应变速率控制（$\alpha = 0$），其低加载速率为 $5 \times 10^{-5}mm/s$，低卸载速率为 $-5 \times 10^{-5}mm/s$，高加载速率为 $5 \times 10^{-4}/s$。

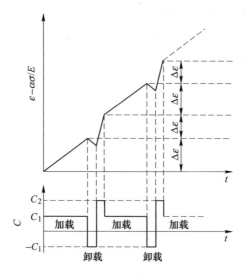

图 3.12　加载-卸载-再加载组合试验示意图

3.3　岩石全应力-应变曲线演化特征

3.3.1　恒定荷载速率演化规律

3.3.1.1　单轴压缩荷载条件

A　I 类岩石

以速率 $1 \times 10^{-3}/s$、$1 \times 10^{-4}/s$、$1 \times 10^{-5}/s$、$1 \times 10^{-6}/s$ 对田下凝灰岩、荻野凝灰岩开展速率的恒定荷载速率试验，两种 I 类岩石在每个速率下执行了 5 个以上试件重复试验，图 3.13 所示为 $1 \times 10^{-6}/s$ 速率下两种岩石的重复试验结果。从结果看，5 个试件峰前区域曲线整体相似性很好，峰值区域具有良好的荷载速率依存性，由于试件不同，峰后曲线形态差异较大，试验中荻野凝灰岩残余强度较大。根据上述重复实验结果，选择相似性较好的试验曲线来研究两种岩石的荷载速率依存性。$1 \times 10^{-3}/s$、$1 \times 10^{-4}/s$、$1 \times 10^{-5}/s$、$1 \times 10^{-6}/s$ 速率的结果如图 3.14 所示。图 3.14（a）所示为田下凝灰岩在 4 种应变速率下的全应力-应变曲线，速率增大 10 倍时，田下凝灰岩破坏强度增量约为 1.25MPa（6 次试验平均值），强度增加率为 5.26%（6 次试验平均值）；不同应变速率下，峰前 70% 以前的曲线基本重合，荷载速率依存性不明显，峰值强度处荷载速率依存性最明显，峰后应力下降到 50% 之前，田下凝灰岩还具有明显的荷载速率依存性。荻野凝灰岩同田下凝灰岩类似；应变速率增大 10

倍时，荻野凝灰岩的破坏强度增量大约为 1.55MPa（为 5 次试验的平均值），强度增加率为 5.27%（为 5 次试验的平均值）。峰前 80% 之前荷载速率依存性不明显，峰值强度处，荷载速率依存性最明显；峰后 60% 处应力缓慢下降，具有明显的残余强度，试验结果如图 3.14（b）所示。

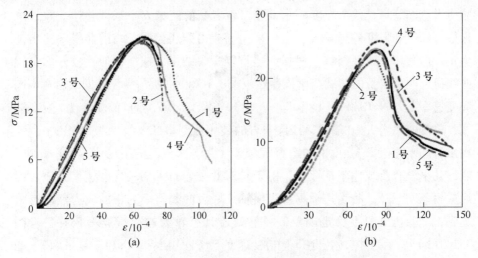

图 3.13　1×10⁻⁶/s 速率下 I 类岩石的全应力-应变曲线

（a）田下凝灰岩；（b）荻野凝灰岩

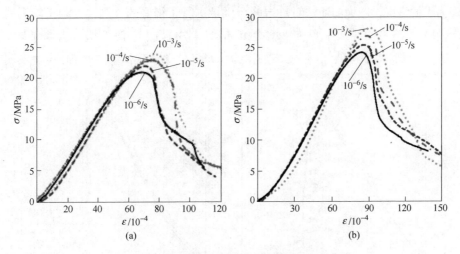

图 3.14　不同速率下 I 类岩石全应力-应变曲线

（a）田下凝灰岩；（b）荻野凝灰岩

B　II 类岩石

对两种 II 类岩石（江持安山岩和井口砂岩）在（1×10⁻³/s、1×10⁻⁴/s、

$1×10^{-5}/s$、$1×10^{-6}/s$）速率下开展恒定荷载速率试验，两种岩石在每个速率下执行了 5 个以上试件的重复试验，图 3.15 所示为 $1×10^{-6}/s$ 速率下两种岩石的重复试验结果。江持安山岩在峰前区域 5 个试件曲线几乎呈直线，整体一致性很好；在峰值处，5 个试件强度变异较小，由于是应变速率控制，故峰后区域应力急剧下降，残余强度较小。井口砂岩峰前区域 6 个试件整体一致性也很好，峰值处强度差异较大；由于采用了应力归还控制，峰后曲线斜率出现为正，但整体一致性很好。根据上述重复实验结果，选择相似性较好的试验曲线研究两种岩石的荷载速率依存性。图 3.16（a）所示为江持安山岩在不同应变速率下（$1×10^{-3}/s$、$1×10^{-4}/s$、$1×10^{-5}/s$、$1×10^{-6}/s$）的全应力-应变曲线，应变速率增大 10 倍时，江持安岩的破坏强度增量大约为 4.26MPa（为 8 次试验的平均值），强度增加率为 5.65%（为 8 次试验的平均值）。在峰前区域，几乎没有荷载速率依存性，由于是对 II 类岩石采用的应变速率控制，峰后应力急剧下降，曲线几乎垂直于横轴，峰后曲线斜率为正的应力点没有采集到，试验机出现不稳定现象，峰值处才具有较大的荷载速率依存性。图 3.16（b）所示为井口砂岩在不同应变速率下（$1×10^{-3}/s$、$1×10^{-4}/s$、$1×10^{-5}/s$、$1×10^{-6}/s$）的全应力-应变曲线，峰前 90% 之前 4 种曲线基本重合，荷载速率依存性不明显，峰值强度处荷载速率依存性较明显；峰后，砂岩曲线斜率出现为正的情况，应力归还法对砂岩峰后区域进行了很好的控制，得到了峰后稳定的应力-应变曲线。应变速率增大 10 倍时，砂岩破坏强度增量为 4.09MPa（为 7 次试验的平均值），强度增加率为 6.59%（为 7 次试验的平均值）。说明

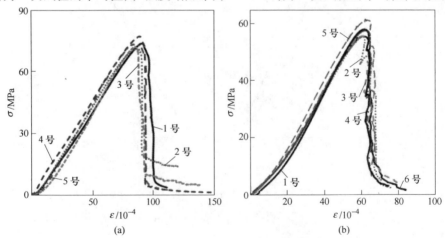

图 3.15 $1×10^{-6}/s$ 速率下 II 类岩石的全应力-应变曲线

（a）江持安山岩；（b）井口砂岩

Ⅱ类岩石破坏强度的荷载速率依存性非常明显，峰后4种速率曲线趋势大体相似。

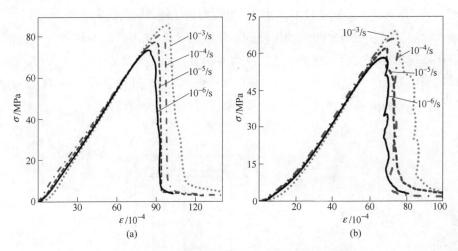

图3.16 不同速率下Ⅱ类岩石全应力-应变曲线

(a) 江持安山岩；(b) 井口砂岩

3.3.1.2 单轴拉伸荷载条件

A Ⅰ类岩石

岩石力学领域中，有关手拉强度的研究比压缩强度的研究要少得多。因岩石在大多数场合是处于受压状态，故在实用上压缩强度相对重要些。但是，压缩破坏现象，从微观角度来分析，可以知道在裂缝的附近也产生手拉应力[63~85]。宏观地说，即使是压缩破坏，也在很大程度上与受拉应力导致的裂缝的发展相关。因此，拉伸强度的研究与压缩强度的研究有紧密的联系，并可望随着两者研究的进展、结果的比较和分析，从而对破坏现象给予解析和说明。另外，今后地下空间的开发和利用，将不可避免地涉及一些大规模、形状复杂的地下建筑，这就极可能出现岩石在局部处于受拉的情况。这也在一定程度上增强了有关拉伸强度研究的必要性。有关受拉强度荷载速度效应的研究成果极少。M. P. Mokhnachev[86]对5种岩石在 $10^{-4} \sim 10^{-2}$ MPa/s 的荷载速率范围内进行了单轴拉伸试验，其结果为强度随荷载速率的增加而增加，在实验范围内增加率最大的是石灰石，为2.6倍；增加率最小的是沉积岩，为1.5倍。M. Mellor 等人[87]对花岗岩和砂岩进行了压裂试验，得到了劈裂速度随荷载速率的增加而增加的结果。另外，S. Okubo 等人[88]进行了三点弯曲试验，对断裂模量（modulus of rupture）和断裂韧性（fracture toughness）的荷载速率效应进行了定量的分析，其结果为断裂模量和断裂韧性也有显著的荷载速率效应[89]。由上述试验结果可以大致看出，受拉强度与压缩强度同样随荷载速率的增加而增加。但是以往的实验例子较少，并且压缩试验的比较、讨论尚未进行。

我们采用自主研发的单轴拉伸试验系统（第 2 章）对田下凝灰岩进行恒定速率直接拉伸试验，直接拉伸方法如图 3.17 和图 3.18 所示。直接拉伸试验机采用 LVDT 测量应变，采用 Load Cell 测量应力，试件直接黏贴在上下压盘上，荷载方向与流理面的相互关系如图 3.18（a）所示。

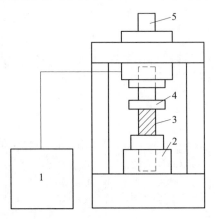

图 3.17　直接拉伸试验

1—油压泵；2—Load Cell；3—试件；4—压盘；5—LVDT

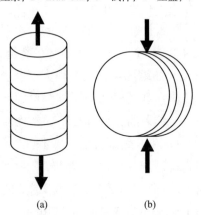

(a)　　　　　　　(b)

图 3.18 试件受力方向

（a）拉伸；（b）劈裂

采用位移控制（应变控制），对田下凝灰岩进行直接拉伸试验，加载速率分别为 $C=1\times10^{-5}/s$，$C=1\times10^{-6}/s$，$C=1\times10^{-7}/s$ 进行加载，每个速率下做了 3 个重复试验，如图 3.19 所示，对应的应力-非弹性应变曲线如图 3.20 所示。

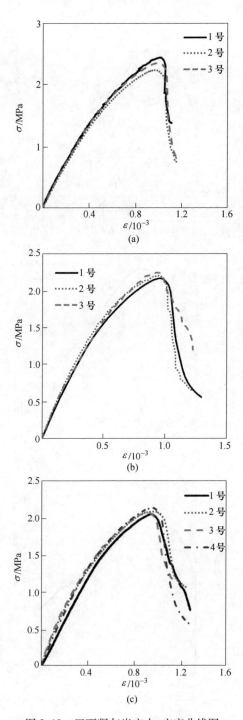

图 3.19 田下凝灰岩应力-应变曲线图

(a) $C=1×10^{-5}/s$; (b) $C=1×10^{-6}/s$; (c) $C=1×10^{-7}/s$

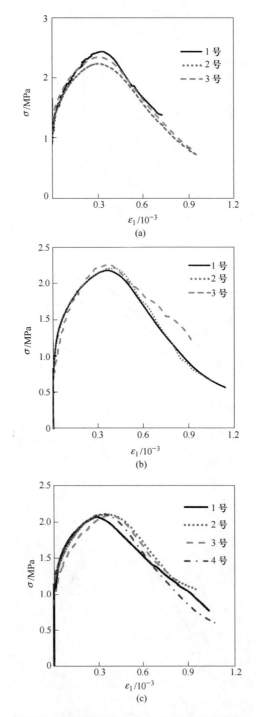

图 3.20   田下凝灰岩全应力-非弹性应变曲线

(a) $C=1\times10^{-5}/s$；(b) $C=1\times10^{-6}/s$；(c) $C=1\times10^{-7}/s$

非弹性应变分离方法如图 3.21 所示，将试件的弹性变形和非弹性变形分离，因为系统变形可以认为是线弹性的，所以分离出的非弹性变形完全由试件产生，非弹性应变记为 ε_1，破坏时的非弹性应变记为 ε_{1t}。计算公式为：$\varepsilon_1 = \varepsilon - \sigma/E$。其中 ε 为总应变；E 为弹性模量，因为拉伸的全应力-应变曲线没有类似压缩试验的"初始压密段"，所以弹性模量参考金丰年[9]的方法，取试验初始阶段的切线模量 E 为弹性模量；σ/E 为弹性应变。在重复试验基础上，在每个速率下，取相似性较好的曲线，得到 3 个速率下的应力-应变曲线和应力-非弹性应变曲线，如图 3.22 所示。从图 3.22 可以看出，与单轴压缩试验的全应力应变典型曲线不同，田下凝灰岩单轴拉伸的全应力-应变曲线并没有初始压密阶段，从应变为零开始，应力就随着应变的升高明显上升；随着试验的进行田下凝灰岩单轴拉伸的全应力-应变曲线逐渐向下弯曲，杨氏模量在试验的初始阶段即为最大值，并随着应变的增加持续减小，直至峰值强度附近；接近应力峰值时，应力应变曲线近水平，试件并没发生明显破裂，表现出田下凝灰岩的软岩特性。峰值点以后继续加载，应力迅速下降，几乎呈线性。应力降至峰值的 50% 以下，试件依然观察不到明显的破裂。由于试件差异，可以明显看出不同试件的抗拉强度 σ_t、弹性模量 E 和破坏应变 ε_t 均有所不同。试件的变形用 LVDT 进行测量，其采集的变形不仅包括试件的变形，还包括系统（试验机框架）的变形。为了排除实验系统的影响，分析研究田下凝灰岩直接拉伸作用下的变形特征，由图可以看出，在低应力水平几乎没有非弹性变形；随着应力的升高，非弹性应变迅速增加直至破坏点 ε_{1t}，虽然

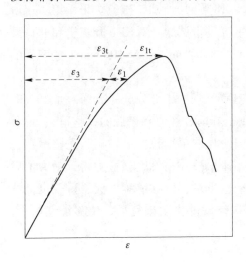
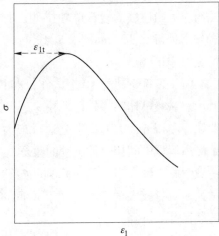

图 3.21 非弹性应变示意图

同一试验条件下不同试件的弹性模量、抗拉强度和破坏应变均有所区别，但是峰值处的非弹性应变 ε_{1i} 却大致相等；应力达到峰值点后，非弹性变形几乎成线性的增加。对比 $\sigma\text{-}\varepsilon$ 曲线和 $\sigma\text{-}\varepsilon_1$ 曲线可以发现，不同试验的 $\sigma\text{-}\varepsilon$ 曲线比较分散，而不同试验的 $\sigma\text{-}\varepsilon_1$ 在屈服点之前基本重合，峰值点附近虽然开始产生分离，但是依然保持相近的趋势。

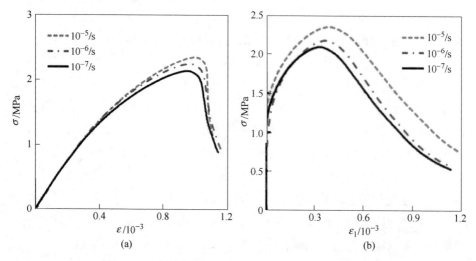

图 3.22　不同速率下田下凝灰岩全应力-应变（非弹性应变）曲线
（a）$\sigma\text{-}\varepsilon$；（b）$\sigma\text{-}\varepsilon_1$

　　对田下凝灰岩进行间接拉伸试验，即巴西劈裂试验，尺寸为 $\phi 12.5\text{mm} \times 25\text{mm}$，荷载方向与流理面的关系如图 3.18（b）所示，试验机采用第 2 章所述的应力归还法的岩石单轴拉伸试验系统进行试验。对田下凝灰岩和井口砂岩分别进行 $5\times10^{-3}\text{mm/s}$、$5\times10^{-4}\text{mm/s}$、$5\times10^{-5}\text{mm/s}$、$5\times10^{-6}\text{mm/s}$ 速率下的恒定速率试验。

　　每个速率下执行 10 个试件，本书选择性地取了部分试件数据，如图 3.23 所示。试验整体趋势较好，较好地得到了峰前、峰值和峰后的完整荷载-位移曲线，本试验最大的优点是通过应力归还法的单轴拉伸试验机，完整地获得了峰后区域的间接拉伸试验的数据。从图 3.23 中可知，当应力得到最大值后荷载急剧下降，当大约下降到一定荷载水平后，位移继续增大，荷载也继续增大，具有较大的残余应力，当间接拉伸试件再次破裂后，位移继续增大，荷载又开始下降。

　　B　Ⅱ类岩石

　　对井口砂岩执行间接拉伸试验，即巴西劈裂试验，其方法和田下凝灰岩

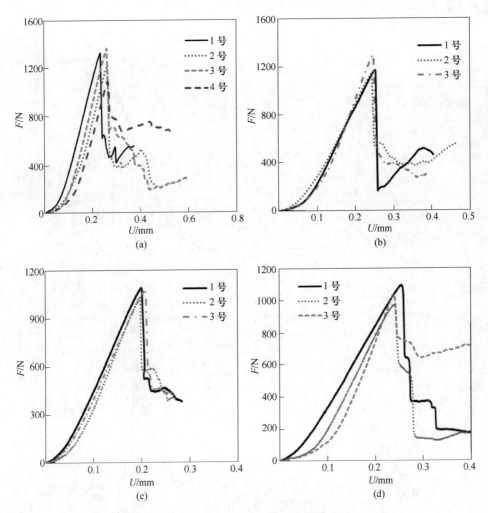

图 3.23 田下凝灰岩同速率重复试验曲线

(a) 5×10^{-3} mm/s; (b) 5×10^{-4} mm/s; (c) 5×10^{-5} mm/s; (d) 5×10^{-6} mm/s

试验类似。在 5×10^{-3} mm/s、5×10^{-4} mm/s、5×10^{-5} mm/s、5×10^{-6} mm/s 每个速率下执行 10 个试件，选择部分试件曲线如图 3.24 所示。每个速率下重复试验整体趋势较好，较好地得到了峰前、峰值和峰后的完整荷载−位移曲线，本试验最大的优点是通过应力归还法的单轴拉伸试验机，完整地获得了峰后区域的间接拉伸试验的数据。

3.3.1.3　Ⅰ类和Ⅱ类岩石间接拉伸对比

在 5×10^{-3} mm/s、5×10^{-4} mm/s、5×10^{-5} mm/s、5×10^{-6} mm/s 每个速率下从

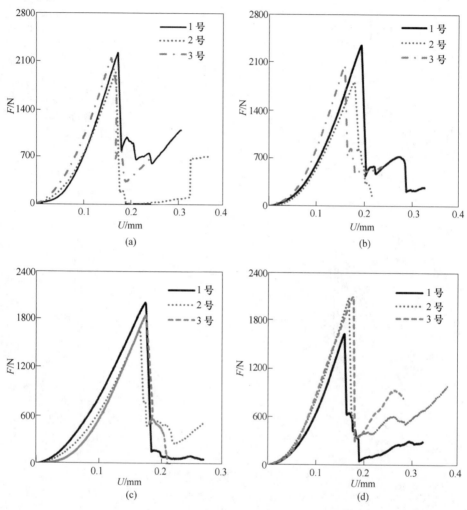

图 3.24　井口砂岩同速率重复荷载-位移曲线

（a）$5×10^{-3}$mm/s；（b）$5×10^{-4}$mm/s；（c）$5×10^{-5}$mm/s；（d）$5×10^{-6}$mm/s

图 3.23 中选择田下凝灰岩 4 个相似性较好的试件，从图 3.24 中选择井口砂岩 4 个相似性较好的试件，如图 3.25 所示。田下凝灰岩在间接拉伸荷载下随着荷载速率的增大，峰值荷载也增大，破坏位移也增大，表现出良好的荷载速率依存性。当速率增大 10 倍时，田下凝灰岩峰值荷载的增加率为 6%，破坏位移的增加率为 5%。当速率增大 10 倍时，井口砂岩峰值荷载的增加率为 10%，破坏位移的增加率为 12%。

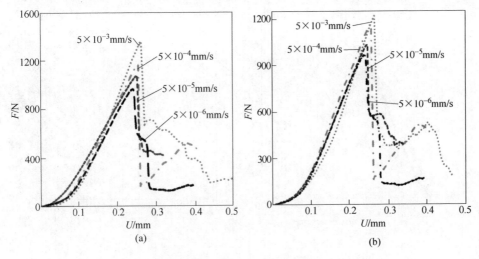

图 3.25 不同速率下田下凝灰岩巴西劈裂荷载-位移曲线

(a) 田下凝灰岩；(b) 井口砂岩

3.3.2 交替荷载速率演化规律

3.3.2.1 单轴压缩荷载条件

A Ⅰ类岩石

按照表 3.2 试验方案和图 3.11 对田下凝灰岩和荻野凝灰岩进行交替荷载速率试验。对高低速率曲线分别进行 Spline 插值，试验曲线被高低插值曲线包络在内。由图 3.26 (a) 可知，田下凝灰岩峰前 70% 之前荷载速率依存性不明显，和恒定应变速率试验规律基本一致；荻野凝灰岩峰前 80% 以前荷载速率依存性不明显，峰值区域荷载速率依存性最明显，和恒定荷载速率试验规律基本一致，如图 3.26 (b) 所示。

B Ⅱ类岩石

同Ⅰ类岩石一样，进行Ⅱ类岩石（江持安山岩和井口砂岩）的交替荷载速率试验，如图 3.27 所示。用应力归还法控制的江持安山岩交替荷载速率试验，峰后曲线出现斜率为正，成功获得了江持安山岩封后的交替应力-应变曲线，如图 3.27 (a) 所示。图 3.27 (b) 所示为井口砂岩的交替速率试验结果，同江持安山岩类似，成功获得了砂岩峰后的交替速率曲线。为了对比分析，恒定荷载速率试验中，Ⅰ类岩石田下凝灰岩采用应变速率控制（$\alpha = 0$），荻野凝灰岩采用应力归还法（$\alpha = 0.3$）。对于Ⅰ类岩石，由 2.1 节图 2.5 所述

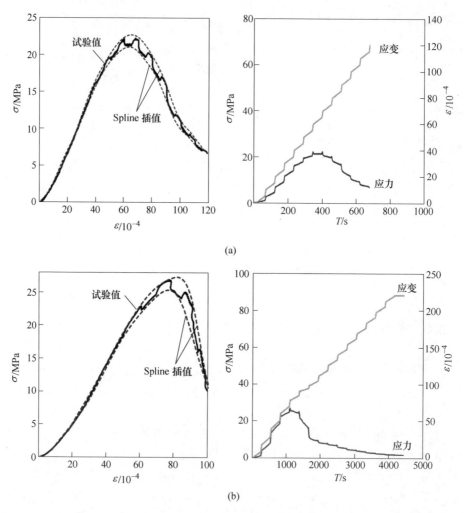

图 3.26　Ⅰ类岩石交替荷载速率下不同岩石的全应力-应变曲线

（a）田下凝灰岩；（b）荻野凝灰岩

的控制线与全应力-应变曲线峰前峰后都有唯一交点可知，两种控制方法都能
非常稳定地控制Ⅰ类岩石，并完整、精准地获得试验点，试验结果也验证了
此观点。Ⅱ类岩石中江持安山岩采用应变速率控制（$\alpha=0$），井口砂岩采用应
力归还法（$\alpha=0.3$），图 3.27（a）中，江持安山岩峰后曲线没有出现斜率为
正的情况，图 3.27（b）中，井口砂岩峰后曲线出现了斜率为正的情况，这
说明，江持安山岩应变速率控制中，峰后应力下降过程中，没有完整的获得
峰后曲线，没有获得斜率为正的曲线的试验点。在交替荷载速率试验中采用
了应力归还法（田下凝灰岩为应变速率控制），Ⅰ类岩石（田下凝灰岩和荻野

凝灰岩）两种控制方法一样，都能稳定地控制，并获得峰前峰后的荷载速率效应；Ⅱ类岩石（江持安山岩和井口砂岩）完整地获得了两种岩石峰后曲线（即斜率为正的部分），从而说明应力归还法能够完整精准地获得Ⅰ类和Ⅱ类岩石的应力-应变曲线，对系统研究荷载速率依存性具有重要的指导意义，这是应力归还法的最大优点。

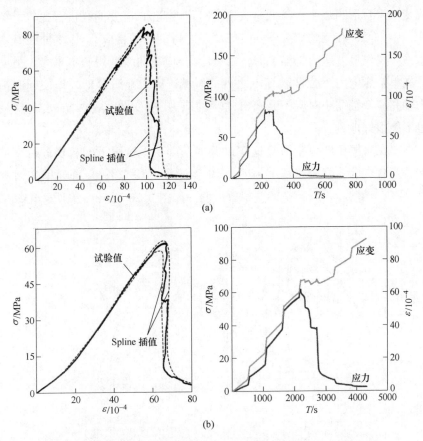

图 3.27　Ⅱ类岩石交替荷载速率下不同岩石的全应力-应变曲线

（a）江持安山岩；（b）井口砂岩

3.3.2.2　单轴拉伸荷载条件

A　Ⅰ类岩石

直接拉伸：Okubo 等人[90]最早进行单轴压缩试验时，通过在应力快接近峰值荷载时突然把速率增大 10 倍，获得了峰值处高低荷载速率的强度，来求解岩石的荷载速率依存常数，但这种方法对试验机操作要求非常高，且数据离散性较大，同一条件下需要重复做大量的试验来获取荷载速率依存性常数。K. Hashiba 等人[32]在 Okubo 的基础上提出交替荷载速率试验方法，通过很少的试件数量来求解岩石的荷载速率依存常数。为了定量地研究强度破坏点之后区域的应力-应变曲线荷载速率依存性，进行了单轴压应力和三轴压应力下的交替变换荷载速率试验。将对应于高荷载速率的应力-应变曲线沿着应力轴或应变轴进行适当缩小，与低荷载速率对应的应力-应变曲线进行比较。结果表明，一方面，在三轴应力下强度破坏点之后的区域，应力-应变曲线基本保持水平，仅仅沿着应力轴缩小时，两条应力-应变曲线变得基本重合；另一方面，在单轴压应力下强度破坏点之后的区域，应力显著降低，即使同时沿着应力轴和应变轴缩小对应于高荷载速率的应力-应变曲线，两条应力-应变曲线也不能很好地重合。

　　本书在直接拉伸恒定荷载速率试验的基础上，对田下凝灰岩进行直接拉伸交替荷载试验：交替速率 1 为 $C_1 = 10^{-5}/s \sim C_2 = 10^{-6}/s$；交替速率 2 为 $C_1 = 10^{-6}/s \sim C_2 = 10^{-7}/s$。两种交替速率典型曲线如图 3.28 所示。分别提取速率变

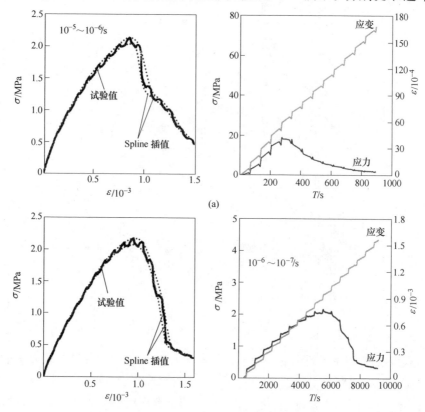

(a)

(b)

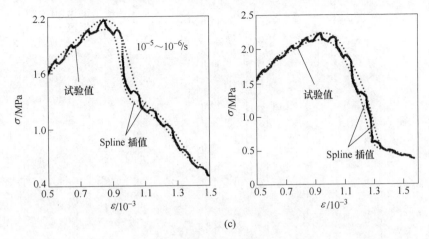

图 3.28　田下凝灰岩直接拉伸交替荷载全应力-应变曲线

(a) $10^{-5} \sim 10^{-6}/s$；(b) $10^{-6} \sim 10^{-7}/s$；(c) 放大图

化前的最后一个点，采用 Spline 插值法[32] 进行插值拟合，得到两种速率条件下的全应力-应变曲线，称其为交替应力-应变曲线。图 3.28 (a) 和 (b) 所示为两种交替速率下的放大图，田下凝灰岩在交替拉伸荷载速率下体现出了较大的残余强度，峰后曲线缓慢下降，和直接拉伸恒定荷载速率结果相类似。

田下凝灰岩间接拉伸（巴西劈裂）试验荷载-位移曲线，在峰前低于 40% 峰值荷载时，如图 3.29 (a) 和图 3.30 所示，荷载的增减随加载速率的变化不是很明显；高于这一荷载水平时，可以较清楚地观察到荷载随加载速率的高低变化；达到峰值荷载附近处时，可以清楚地看到随速率的切换荷载的增减变化。在破坏点以后，仍可以看到荷载随加载速率切换而增减的现象，即峰值荷载后岩石的荷载速率依存性。

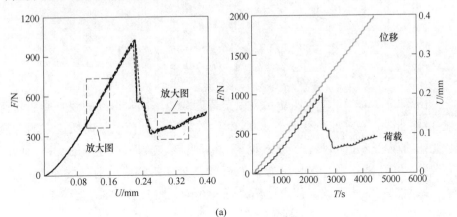

(a)

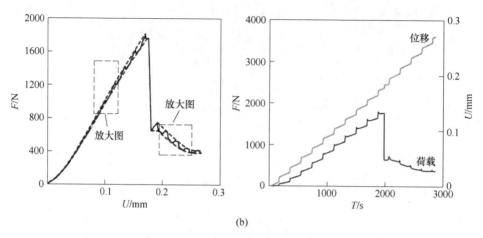

(b)

图 3.29 Ⅰ类岩石间接拉伸荷载-位移曲线

（a）田下凝灰岩；（b）荻野凝灰岩

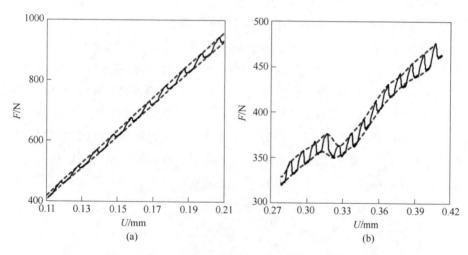

图 3.30 田下凝灰岩荷载-位移曲线放大图

（a）峰值荷载前；（b）峰值荷载后

　　图 3.29（b）和图 3.31 所示为由交替荷载速率试验得到的荻野凝灰岩荷载-位移曲线，在峰前荷载低于 800N 时，较难观察到荷载随高低速率的切换而变化的现象，在荷载高于 800N 时可以看到荷载随着加载速率的变换而增减的现象，在荷载达到峰值后，岩石的荷载突然跌落到峰值荷载的 40% 左右。随着试验机的继续加载，荷载逐渐降低，在降低的过程中，也能观察到随着加载速率的变换荷载增减的现象。

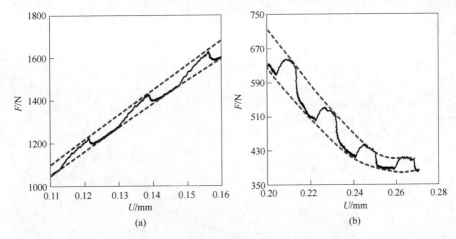

图 3.31 荻野凝灰岩荷载-位移曲线放大图

(a) 峰值荷载前；(b) 峰值荷载后

B Ⅱ类岩石

图 3.32（a）左图及放大图 3.33 所示为江持安山岩交替荷载速率试验荷载-位移曲线，与田下凝灰岩和荻野凝灰岩相比，即使荷载达到 2000N 左右，也很难观察到荷载随高低荷载速率切换而增减的现象，主要是由于江持安山岩较致密、强度高、荷载速率依存性不明显。随着荷载水平的增加，可以逐渐看到荷载随速率的切换而有所增减的现象，但是荷载的增减不如田下凝灰岩和荻野凝灰岩那么明显，达到峰值后荷载突然跌落到 700N 左右。在峰后较低应力水平条件下可以清楚看到随着高低加载速率的切换，荷载明显增加和减少。

图 3.32（b）左图及放大图 3.34 所示为砂岩交替荷载速率试验结果，在峰前阶段也是很难观察到荷载随速率切换的增减现象。荷载随着加载速率的变换而有少量的增减，荷载的增减现象相对江持安山岩峰前荷载的增减现象来说是较明显的，达到峰值后荷载先是跌落到了 1000N 左右，随着继续加载，荷载继续逐渐减小，在荷载减小的过程中可以清楚地看到随着高低加载速率的切换，荷载有增有减的现象。

江持安山岩位移-时间如图 3.32（a）右图所示，在等间距的应变间隔内或时间间隔内，位移持续增大，位移速率在快速和慢速间变化，荷载-时间曲线整体和荷载-位移曲线相似，达到破坏后，荷载突然下降，之后荷载又增大。

井口砂岩位移-时间如图 3.32（b）右图所示，荷载-时间曲线一样在等间距的应变间隔内或时间间隔内，随着位移持续增大，位移速率在快速和慢速间变化，荷载-时间曲线整体和荷载-位移曲线相似，达到破坏后荷载突然下降，之后荷载又增大。

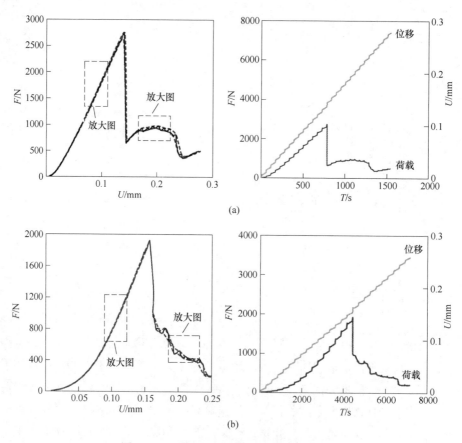

图 3.32 Ⅱ类岩石间接拉伸荷载-位移曲线

（a）江持安山岩；（b）井口砂岩

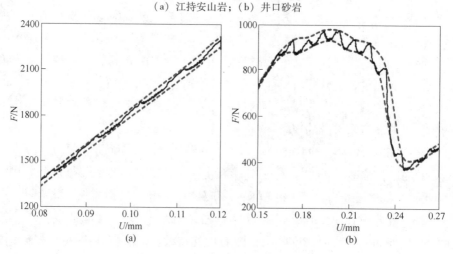

图 3.33 江持安山岩荷载-位移曲线放大图

（a）峰值荷载前；（b）峰值荷载后

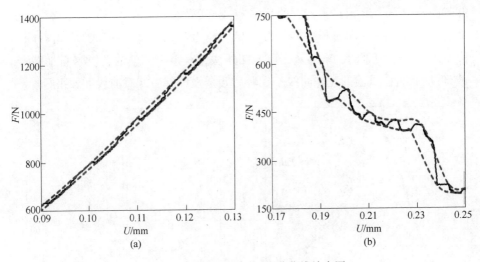

图 3.34　井口砂岩荷载–位移曲线放大图

（a）峰值荷载前；（b）峰值荷载后

3.3.3　加载–卸载–再加载演化规律

加载–卸载–再加载试验原理如图 3.12 所示。雷鸣[33]对三城目安山岩和稻田花岗岩在恒定速率下进行了循环加载–卸载试验，得到了应力–应变曲线上很多点处的卸载曲线。将在交替变换荷载速率试验中得到的对应于低荷载速率的应力–应变曲线沿着卸载曲线平移，可以与高荷载速率对应的应力–应变曲线重合。并对三城目安山岩、稻田花岗岩和田下凝灰岩进行了加载–卸载–再加载组合试验，即对一个岩石试样施加两种交替变换荷载速率和循环加载卸载。结果表明组合试验具有操作简单性和很强的适应性，可以用来研究岩石强度破坏点处以及强度破坏点之后领域的荷载速率依存性，强度破坏点之后的应力变化率与强度点处的基本一致。

3.3.3.1　单轴压缩荷载条件

A　I 类岩石

图 3.35 所示为对 I 类岩石（田下凝灰、荻野凝灰岩）进行的加载–卸载–再加载组合试验，并对高低应变速率进行了 Spline 插值，得到不同应力水平下卸载曲线斜率和不同应变水平下卸载曲线斜率，如图 3.36 所示。对 I 类岩石（田下凝灰岩和荻野凝灰岩）原始点及低应力水平下，卸载曲线斜率较小，其原因可能与试件压密阶段和试件端部效应有关；随着应力不断增大，

卸载曲线斜率大致相互平行，峰后具有较好的残余强度，呈现应变软化。对Ⅱ类岩石（江持安山岩和井口砂岩）峰后应力急剧下降，获得此类岩石峰后完整曲线是较困难的，本书选用应力归还法，获得了完整的Ⅱ类岩石加载-卸载-再加载组合试验的完整曲线，在峰后残余强度部位卸载曲线大致平行。

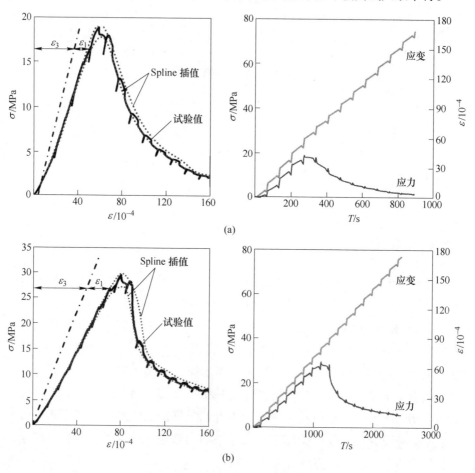

图 3.35　Ⅰ类岩石加载-卸载-再加载组合荷载条件下岩石全应力-应变曲线

(a) 田下凝灰岩；(b) 荻野凝灰岩

图 3.36 所示为加载-卸载-再加载试验在不同应力水平和不同应变水平（归一化应变）下的卸载曲线的斜率，由于试件不平整和端部效应原因，峰前，卸载曲线斜率离散性较大；峰后卸载曲线斜率离散性较小。随着应变水平增大，峰前卸载曲线斜率逐渐增大，峰后卸载曲线斜率逐渐减小。S. Okubo[48~50]把加载到峰值破坏强度约 30% 时开始卸载，到卸载初期应力的 20% 时对应的卸载曲线的斜率作为弹性应变直线的斜率，将应变分为弹性应

变和非弹性应变。本书作者认为，当应力在30%~20%峰值强度时，岩石刚进入弹性变形阶段，此时线弹性变形还不明显，本书选取峰前所有卸载曲线斜率的平均值作为弹性应变直线的斜率，成功分离了弹性应变（ε_1）和非弹性应变（ε_3）。

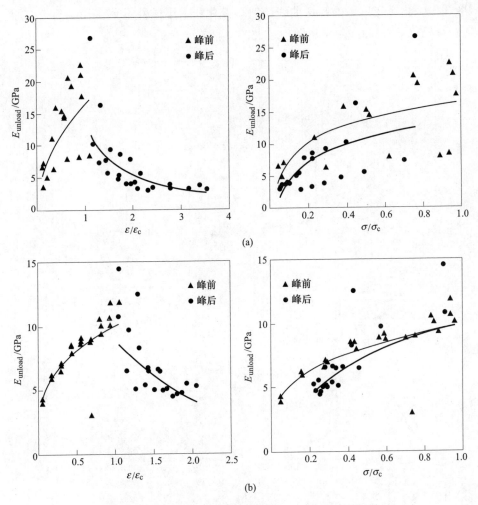

图 3.36 不同应力水平（应变水平）下卸载曲线斜率

（a）田下凝灰岩；（b）荻野凝灰岩

B Ⅱ类岩石

图 3.37 所示为根据图 3.12 的原理对Ⅱ类岩石江持安山岩和井口砂岩进行的加载-卸载-再加载组合试验，并对高低应变速率进行了 Spline 插值，得到不同应力水平下卸载曲线斜率和不同应变水平下卸载曲线斜率，如图 3.38

所示。Ⅱ类岩石（江持安山岩和井口砂岩）峰后应力急剧下降，获得此类岩石峰后完整曲线是较困难的，本书选用应力归还法，获得了完整的Ⅱ类岩石加载-卸载-再加载组合试验的完整曲线，在峰后残余强度部位，卸载曲线大致平行。图3.38所示为加载-卸载-再加载试验在不同应力水平和不同应变水平（归一化应变）下的卸载曲线的斜率变化，由于试件不平整和端部效应原因，峰前，卸载曲线斜率离散性较大。

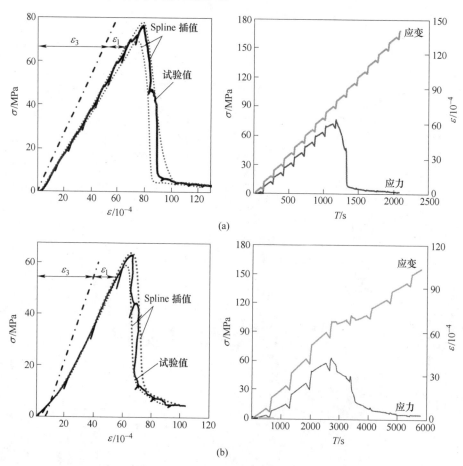

图 3.37 Ⅱ类岩石加载-卸载-再加载组合荷载条件下岩石全应力-应变曲线
(a) 江持安山岩；(b) 井口砂岩

　　同Ⅰ类岩石一样，峰后卸载曲线斜率离散性较小，随着应变水平增大，峰前卸载曲线斜率逐渐增大，峰后卸载曲线斜率逐渐减小。同前一样，本书选取峰前所有卸载曲线斜率的平均值作为弹性应变直线的斜率，将弹性应变（ε_3）和非弹性应变（ε_1）成功进行分离。江持安山岩、井口砂岩孔隙率较低，内部致密性较田下凝灰岩和荻野凝灰岩好。可以认为，非弹性应变与岩石均匀致密性、孔隙率、岩石弱面、裂隙和端面平整度等有关，岩石越致密、孔隙率越低、端面越平整，则非弹性应变与应力的线性程度越高，从而非弹性应变的大小与应力水平有关。一般情况下，Ⅰ类岩石表现出延性破坏特征，而Ⅱ类岩石一般表现出脆性破坏特征。

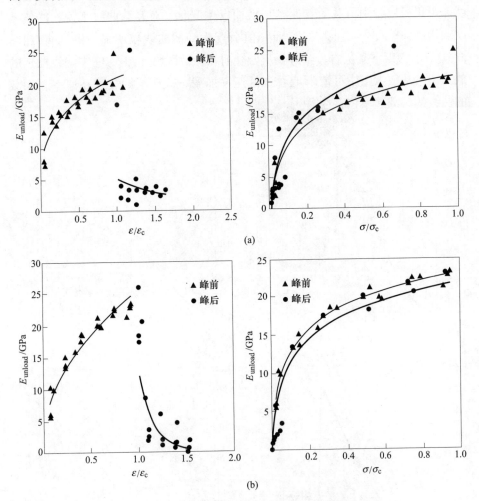

图 3.38 不同应力水平（应变水平）下卸载曲线斜率
（a）江持安山岩；（b）井口砂岩

3.3.3.2 间接拉伸荷载条件

A Ⅰ类岩石

本书对Ⅰ类岩石（田下凝灰岩、荻野凝灰岩）按照图 3.12 所示原理执行了劈裂加载-卸载-再加载组合试验，试验目的是研究间接拉伸试验的速率效应，并与单轴压缩、单轴拉伸进行对比分析研究，以及进一步研究峰前和峰后卸载曲线的斜率。图3.39（a）、（b）所示为Ⅰ类岩石田下凝灰岩和荻野凝灰岩组合试验结果，图像中曲线稍向后方延伸即为卸载曲线，荻野凝灰岩在峰前荷载随着速率的交替增减不是很明显，在强度破坏点之后，较低的应力状态下仍可以看到荷载随着速率切换而发生变化，对卸载曲线来说，峰值强度前卸载曲线并不是很明显，而峰值荷载后卸载曲线较明显。图3.40和图3.41所示为田下凝灰岩、荻野凝灰岩峰前和峰后区域（图3.39中虚线框）的放大图，从放大图中可清晰地看到低速率加载、低速率卸载和高速率再加载的曲线的荷载速率依存性。

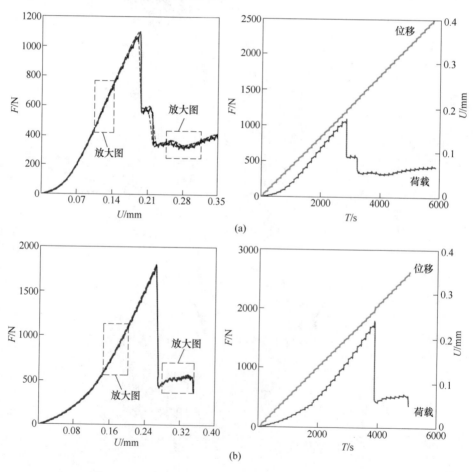

图3.39　Ⅰ类岩石劈裂加载-卸载-再加载荷载-位移曲线

（a）田下凝灰岩；（b）荻野凝灰岩

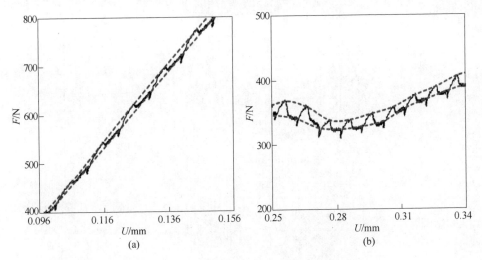

图 3.40 田下凝灰岩荷载-位移曲线放大图

（a）峰值荷载前；（b）峰值荷载后

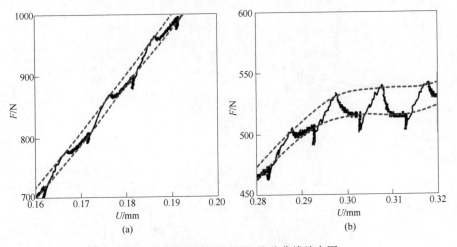

图 3.41 荻野凝灰岩荷载-位移曲线放大图

（a）峰值荷载前；（b）峰值荷载后

B Ⅱ类岩石

Ⅱ类岩石（江持安山岩和井口砂岩）劈裂加载-卸载-再加载组合试验同Ⅰ类岩石类似。如图 3.42（a）、（b）所示，峰前阶段，荷载速率依存性不明显，卸载曲线也不明显；在破坏点之后，可以看到荷载随着高低速率的切换而变化，并且卸载曲线也比较容易观察到。对于田下凝灰岩和江持安山岩，组合实验也得到了较好的控制。图 3.43 和图 3.44 所示为江持安山岩和井口砂岩在峰前和峰后区域（图 3.42 中虚线框）的放大图，从放大图中可清晰地

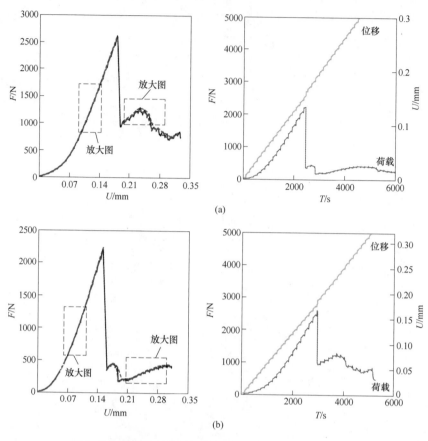

图 3.42 Ⅱ类岩石劈裂加载-卸载-再加载荷载-位移曲线

（a）江持安山岩；（b）井口砂岩

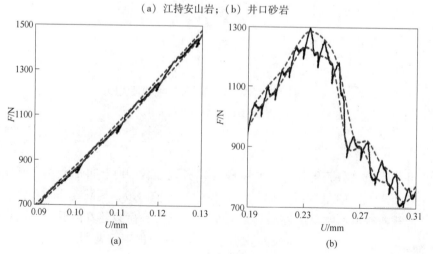

图 3.43 江持安山岩荷载-位移曲线放大图

（a）峰值荷载前；（b）峰值荷载后

看到低速率加载、低速率卸载和高速率再加载的曲线的荷载速率依存性。在间接拉伸条件下，加载-卸载-再加载试验目的一方面是用来研究岩石在间接拉伸应力下的荷载速率依存性，得到岩石的速率效应；另一方面是通过卸载曲线的斜率，在间接拉伸中对弹性应变和非弹性应变进行分离。本章中，直接拉伸弹性应变具有明显的荷载速率依存性，而非弹性应变没有荷载速率依存性，用相同的方法分析得到，间接拉伸中弹性变形具有明显的荷载速率依存性，非弹性变形没有荷载速率依存性。

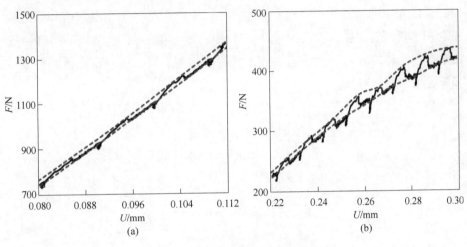

图 3.44　砂岩荷载-位移曲线放大图

(a) 峰值荷载前；(b) 峰值荷载后

综上所述，岩石荷载速率依存性是研究岩石时间效应的重要性质之一，本书通过恒定荷载速率、交替荷载速率和加载-卸载-再加载实验，可以相对容易地观察到 4 种岩石在峰值前区域和峰值后区域较低荷载时的荷载速率依存性，明确了在峰值前阶段也同样可以观察到岩石和荷载速率依存性。不同种岩石荷载速率依存性的研究为进一步进行数值模拟和通过本构方程预测岩体工程的寿命提供了一定的理论基础。

3.4　岩石破坏强度演化特征

3.4.1　恒定荷载速率演化规律

3.4.1.1　单轴压缩荷载条件

将四种岩石强度（平均值）和加载速率绘于双对数轴中，如图 3.45 所示，呈现很好的线性关系，其中荻野凝灰岩线性程度最高，其相关系数为 0.9785；江持安山岩相关系数最低，相关系数是 0.8633。四种恒定荷载速率下，破坏强度、破坏应变、破坏寿命（应力从零到破坏时经历的时间）的关系如图 3.46（a）~（c）所示。随着荷载速率的增大，强度、破坏应变也增大，破坏寿命减小，在双对数轴中呈现良好的线性关系。荷载速率增大 10 倍，破坏寿命大约缩短 10 倍，在 $1 \times 10^{-3}/s$ 速率下，田下凝灰岩 6s 就发生破坏；在 $1 \times 10^{-6}/s$ 速率下江持安山岩需 9569s 发生破坏。图 3.46（d）所示为 4 种岩石在 $1 \times 10^{-6}/s$ 速率下的部分破坏照片，Ⅰ类岩石（田下凝灰岩和荻野凝灰岩）出现倾斜裂纹，表现为延性破坏和弱面剪切破坏；Ⅱ类岩石（江持安山岩石和井口砂岩）出现垂直裂纹，且裂纹相互平行，表现为脆性断裂破坏和脆性剪切破坏特征。

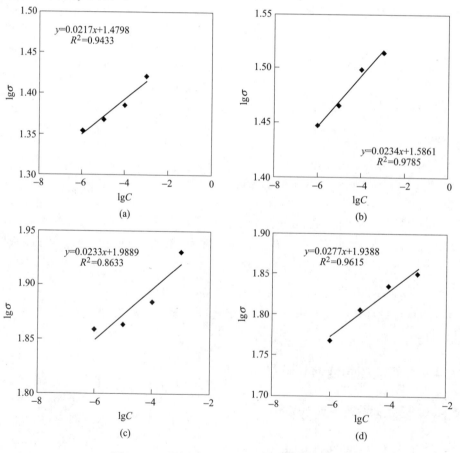

图 3.45 不同速率下岩石强度-加载速率关系

（a）田下凝灰岩；（b）荻野凝灰岩；（c）江持安山岩；（d）井口砂岩

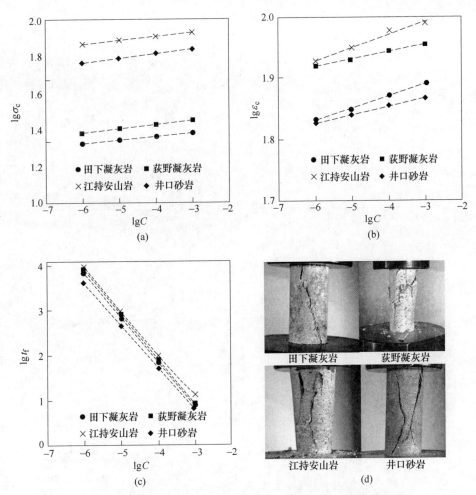

图 3.46　强度、破坏应变、破坏寿命速率依存性与破坏照片

（a）强度；（b）破坏应变；（c）破坏寿命；（d）1×10⁻⁶/s 速率下破坏后试件部分照片

3.4.1.2　单轴拉伸荷载条件

对田下凝灰岩在 3 个加载速率下进行了直接拉伸荷载速率依存性试验，田下凝灰岩的破坏强度、破坏寿命、破坏应变和破坏时非弹性应变的速率效应如图 3.47 所示。随着荷载速率的增大，直接拉伸强度、破坏寿命和破坏应变具有明显的荷载速率依存性，而非弹性应变荷载速率依存性不明显。在加载速率相同时，单轴压缩的破坏非弹性应变约为单轴拉伸的 2.7 倍，随着荷载速率的增大，单轴压缩和拉伸条件下非弹性应变变化不大，试验表明非弹性应变荷载速率依存性不明显。

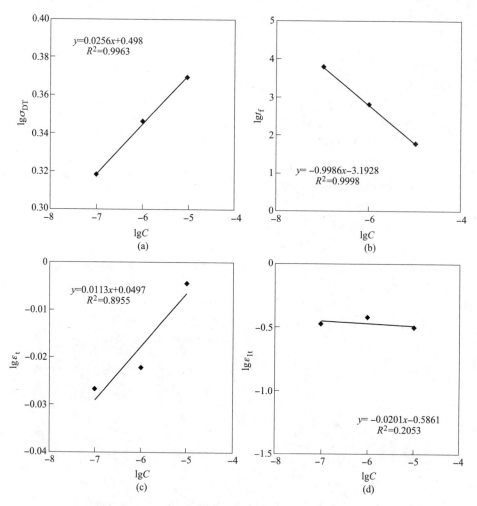

图 3.47　田下凝灰岩直接拉伸荷载速率依存性

（a）拉伸强度；（b）破坏寿命；（c）破坏应变；（d）非弹性应变

3.4.2　交替荷载速率演化规律

3.4.2.1　单轴压缩荷载条件

A　I 类岩石

单轴压缩荷载条件下，对 I 类岩石（田下凝灰岩、荻野凝灰岩）进行了 $1×10^{-4} \sim 1×10^{-5}$/s 交替荷载速率试验。在交替荷载速率 $1×10^{-4}$/s 下，田下凝灰岩强度为 22.18MPa（恒定荷载速率下，其强度为 23.10MPa），荻野凝灰岩强度为 26.81MPa（恒定荷载速率下，其强度为 26.86MPa）；$1 \times 10^{-5}/s$ 下，田下凝灰岩强度为 21.10MPa（恒定荷载速率下，其强度为 20.01MPa），荻野凝灰岩强度为 25.43MPa（恒定荷载速率下，其强度为 25.37MPa）。恒定荷载速率和交替荷载速率下，田下凝灰岩和荻野凝灰岩强度差异不是很大。

B Ⅱ类岩石

单轴压缩荷载条件下，对Ⅱ类岩石（江持安山岩、井口砂岩）进行了 $1 \times 10^{-4} \sim 1 \times 10^{-5}/s$ 交替荷载速率试验。在交替荷载速率 $1 \times 10^{-4}/s$ 下，江持安山岩强度为 83.1MPa（恒定荷载速率下，其强度为 81.34MPa），荻野凝灰岩强度为 62.1MPa（恒定荷载速率下，其强度为 65.64MPa）；$1 \times 10^{-5}/s$ 下，田下凝灰岩强度为 78.8MPa（恒定荷载速率下，其强度为 77.36MPa），荻野凝灰岩强度为 58.2MPa（恒定荷载速率下，其强度为 61.89MPa）。恒定荷载速率和交替荷载速率下，江持安山岩和井口砂岩强度差异不是很大。

3.4.2.2 单轴拉伸荷载条件

A Ⅰ类岩石

单轴拉伸荷载条件下，对Ⅰ类岩石（田下凝灰岩）进行了 $1 \times 10^{-5} \sim 1 \times 10^{-6}/s$ 和 $1 \times 10^{-6} \sim 1 \times 10^{-7}/s$ 两种直接拉伸交替荷载速率试验，对Ⅰ类岩石（田下凝灰岩、荻野凝灰岩）进行了 $5 \times 10^{-4} \sim 5 \times 10^{-5}$mm/s 间接拉伸（巴西劈裂）交替荷载速率试验。直接拉伸荷载条件下，$1 \times 10^{-5}/s$ 恒定速率下的破坏强度是 2.34MPa，$1 \times 10^{-6}/s$ 恒定速率下的破坏强度是 2.22MPa，$1 \times 10^{-7}/s$ 恒定速率下的破坏强度是 2.08MPa；$1 \times 10^{-5} \sim 1 \times 10^{-6}/s$ 交替速率下破坏强度分别为 2.168MPa 和 2.055MPa，$1 \times 10^{-6} \sim 1 \times 10^{-7}/s$ 交替速率下破坏强度分别为 2.146MPa 和 1.987MPa。交替荷载条件下的破坏强度要低于恒定荷载速率条件下的破坏强度。

间接拉伸（巴西劈裂）荷载条件下，田下凝灰岩在 $5 \times 10^{-4}/s$ 恒定速率下的峰值荷载是 1206N，$5 \times 10^{-5}/s$ 恒定速率下的峰值荷载是 1069N；$5 \times 10^{-4} \sim 5 \times 10^{-5}$mm/s 交替速率下峰值荷载分别为 1026N 和 978N，交替荷载条件下的峰值荷载明显小于恒定速率条件下的峰值荷载。

B Ⅱ类岩石

单轴拉伸荷载条件下，对Ⅱ类岩石（江持安山岩、井口砂岩）进行了 $5 \times 10^{-5} \sim 5 \times 10^{-6}$mm/s 间接拉伸（巴西劈裂）交替荷载速率试验。间接拉伸（巴西劈裂）荷载条件下，井口砂岩在 $5 \times 10^{-5}/s$ 恒定速率下的峰值荷载是 1780N，

5×10^{-6}/s 恒定速率下的峰值荷载是 1680N；$5\times10^{-5}\sim5\times10^{-6}$mm/s 交替速率下峰值荷载分别为 1912N 和 1829N，交替荷载条件下的峰值荷载明显大于恒定速率条件下的峰值荷载。

3.4.3 加载-卸载-再加载荷载速率演化规律

3.4.3.1 单轴压缩荷载条件Ⅰ类岩石

加载-卸载-再加载试验的目的是得到峰前和峰后区域卸载曲线的斜率，通过卸载曲线的斜率把弹性应变和非弹性应变进行分离。田下凝灰岩进行了 4 个试件，峰前区域平均卸载曲线斜率值为 12.43GPa，峰后区域平均卸载曲线斜率值为 6.5GPa。荻野凝灰岩进行了 3 个试件，峰前区域平均卸载曲线斜率值为 8.1GPa，峰后区域平均卸载曲线斜率值为 6.87GPa。

3.4.3.2 单轴压缩荷载条件Ⅱ类岩石

江持安山岩峰前区域平均卸载曲线斜率值为 18.41GPa，峰后区域平均卸载曲线斜率值为 3.18GPa。井口砂岩进行了 4 个试件，峰前区域平均卸载曲线斜率值为 17.43GPa，峰后区域平均卸载曲线斜率值为 6.15GPa。从结果得到Ⅱ类岩石峰前卸载曲线斜率明显大于Ⅰ类岩石卸载曲线斜率，而峰后曲线斜率小于Ⅰ类岩石卸载曲线斜率。

3.5 岩石破坏特征演化分析

3.5.1 单轴压缩荷载破坏特征

对于单轴压缩试验来说，产生残余强度的原因可能与裂缝面的摩擦抵抗有关。由于岩石试件内部具有较大的孔隙，当荷载施加在试件上，首先进行的是压密阶段，即孔隙愈合阶段，此时，位移变形较大，位移增加率也较大，而应力增加值较慢，增加率也较小，曲线呈向下凹形态；当施加的应力约达到峰值强度 30% 时，岩石进入弹性阶段，此时位移和应力增加率大约相同，进入线性阶段；大约到峰值强度 70% 水平时，荷载超过屈服极限，进入塑性破坏阶段。对于Ⅰ类岩石，应力达到峰值时，由于内部颗粒分布较细，颗粒间的错动速度和岩石内部剪切面呈现软化现象，从而应力缓慢下降，具有较大的残余强度，其破坏的实质是剪切破坏。对于Ⅱ类岩石，应力达到峰值时，由于内部张性拉力和剪切力作用，颗粒间呈现脆性张裂，破坏形式更多是块状部分的迅速分离，应力急剧下降，其破坏的实质也是剪切破坏，当应力下降到一定值后，出现残余强度，残余强度是由内部抗剪和摩擦抵抗而引起。不同速率下，4 种岩石破坏前后的照片如图 3.48~图 3.51 所示，Ⅰ 类岩石（田下凝灰岩和荻野凝灰岩）破坏后裂缝呈倾斜状态，随着时间的增加，裂纹逐渐贯通，说明单轴压缩破坏的实质是剪切破坏。Ⅱ 类岩石（江持安山岩和砂岩）破坏后裂纹更多垂直于底板，并且当应力达到最大后，应力急剧下降，裂纹也急剧扩展，表现脆性破坏特征。

图 3.48　田下凝灰岩单轴压缩试验破坏前后照片

（a）破坏前；（b）$10^{-3}/s$；（c）$10^{-4}/s$；（d）$10^{-5}/s$；（e）$10^{-6}/s$

图 3.49　荻野凝灰岩单轴压缩试验破坏前后照片

（a）破坏前；（b）$10^{-3}/s$；（c）$10^{-4}/s$；（d）$10^{-5}/s$；（e）$10^{-6}/s$

图 3.50　江持安山岩单轴压缩试验破坏前后照片

（a）破坏前；（b）$10^{-3}/s$；（c）$10^{-4}/s$；（d）$10^{-5}/s$；（e）$10^{-6}/s$

(a)   (b)   (c)   (d)   (e)

图 3.51   井口砂岩单轴压缩试验破坏前后照片

(a) 破坏前；(b) $10^{-3}/s$；(c) $10^{-4}/s$；(d) $10^{-5}/s$；(e) $10^{-6}/s$

岩石单轴压缩破坏下的微观结构，可借助工业用 CT 进行拍片分析，研究破坏岩石内部裂缝的分布形态和断口形貌特征分析，作为未来研究课题。

3.5.2   直接拉伸荷载破坏特征

单轴直接拉伸试验结果如图 3.52 所示，试件更多在中部发生破坏，且破断面呈现锯齿状。S. S. Peng[89] 采用板状试件进行了单轴拉伸试验，应力达到峰值点时在试件的表面开始观察到裂缝，峰值点后裂缝继续扩展。但在采用圆柱形试件的试验中，即使在峰值点后应力较低的情况下，肉眼也观察不到拉伸裂缝的扩展。两者有所差异的原因之一在于试件形状的不同。由以往的研究可以知道，试件形状不同，其强度有所不同，那么对于裂缝的扩展来说，也可能导致相类似的现象，尽管宏观上看不到裂缝的扩展，但峰值点后应力-应变曲线的形状有可能发生变化。

图 3.52   部分破坏后试件照片

对于均质体，仅受拉伸应力作用的情况，根据线性破坏力学可以知道，将在与荷载轴垂直的方向发生裂缝并扩展。本书进行的岩石试验，其破断面相当复杂。4 种岩石（田下凝灰岩、荻野凝灰岩、江持安山岩和井口砂岩）破断面高低差为 4~6mm，其他岩石虽有所差异，不过破断面的凹凸现象均不例外。由图 3.52 可知，裂缝沿着颗粒的边界扩展，这可能也是破断面凹凸不平的原因所在，而岩石的不均质性则是凹凸产生的原因之一。裂缝在扩展中，当遇到强度较高的部位时，就往往不太可能保持其原有的扩展方向，而是常常沿着附近较弱的部位继续扩展，强度较低的部位可以认为是在空隙和结晶的接合处。

实际上，岩石是相当不均质的，故而其破断面不可能成为单纯的平面。由此类推，破断面形成的过程中，裂缝尖端附近的应力场是十分复杂的，不可能单轴是拉应力场，剪应力的作用，以及局部主应力方向和荷载轴方向不一致的可能性均比较高；形成的破断面比较复杂，其表面积较大，由此可以认为至最终破坏为止所需的能量比较大，因而出现在峰值点以后应力-应变曲线的斜率为负，以及应变相当大时应力仍不降至为 0 的现象。

拉伸试验的裂缝面若不存在凹凸现象，则残余强度的存在就难以理解。裂缝面出现凹凸不平，则可能发生了局部主应力方向与荷载轴不一致，从而可以理解摩擦抵抗的产生。拉伸破坏时残余强度的存在，是非常重要的试验现象。即使拉伸强度残余值不高，但对于抑制坑道等顶部受拉破坏的发展，以及对岩石地层中构筑物的稳定性十分有益。对于 I 类岩，拉伸破坏后应力缓慢下降，具有较大的残余强度；而对 II 类岩石，拉伸破坏后应力急剧下降，之后应力-应变曲线发生弯转，随后较平缓地进入残余强度区域。试验中，应力-应变曲线发生弯转，同时在试件表面出现可能观察到的裂缝，两者之间存在某种关联的可能性较高，该现象的机理与残余强度产生机制的机理紧密相关，有待今后进一步研究。拉伸试验和压缩试验应力-应变曲线的形状十分相似，即使是拉伸试验，同样存在残余强度。由破断面形状的观察分析可见，岩石的不均质性与破断面的凹凸不平密切相关。破断面的凹凸与应力-应变曲线之间也有关联。如若岩石不均质，形成的凹凸程度就高，应力-应变曲线将呈延性；相反，如果均质致密，呈脆性特征，则岩石的破断面多为平面状，其裂缝扩展平行平整，由 Griffith 理论可推出应力-应变曲线。

总之，拉伸应力下残余强度的有无是极为重要的，即使存在很小的残余强度，也会对地下构筑物顶部受拉破坏的抑制有较大的作用。今后，进一步通过数值解分析残余强度大小，对地下构筑物稳定的影响是极有意义的。

3.5.3 间接拉伸荷载破坏特征

间接拉伸即巴西劈裂，由于岩石材料的脆性特征，使得直接测量其抗拉强度变得十分困难，因此，人们普遍采用间接方法测量其抗拉强度，最常用的方法就是巴西圆盘试验方法。岩石的抗拉强度是反映岩石力学性质的一个重要指标，也是岩石工程结构设计与安全稳定性分析中的一个控制参数，岩石抗拉强度的大小并不是岩石的固有属性，它会受到外载荷性质、岩石所处的应力状态及温度、湿度环境的影响。由于岩石是矿物颗粒的集合体，内部具有裂纹、孔隙、节理等缺陷，具有明显的非均质性，故而岩石强度通常存在着明显的尺寸效应。又由于不同岩石的矿物成分、结构以及胶结物不同，岩石的物理力学特性千差万别，不同岩石抗拉强度的尺寸效应也必然有所不同。岩石巴西试验测抗拉强度问题是一个三维弹性力学问题，影响试样应力分布的因素除外力本身外，还有试样的高径比和材料的泊松比。喻勇通过三维有限元分析发现，试样端面中心处拉应力最大。由于存在应力集中，巴西圆盘试样不可能满足从端面中心点起裂的条件，必然从端面上的加载点处起裂。

本书根据式（3.1）计算间接拉伸强度，计算结果表明，直接拉伸强度低于间接拉伸强度，直接和间接拉伸强度比为 0.949。4 种岩石间接拉伸破坏照片如图 3.53 所示。根据试验结果分析得到，劈裂试件破坏的中心起裂条件不可能得到满足，劈裂试件总是沿着受压面分成相等的两部分，这表明起裂点必然在受压面上（受压面过试验轴线），且劈裂试件端面上的等效应力最大，试件必然从端面受压直径上起裂，端面圆心处的等效应力并非最大，而是受压直径上的最小值，加载点处存在应力集中现象，从而加载点的等效应力最大。综上所述，间接拉伸（巴西劈裂）试验中，劈裂试件必然先从加载点起裂破坏，而并非从中心点开始起裂破坏。

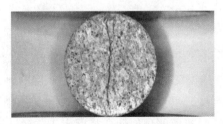

(a)

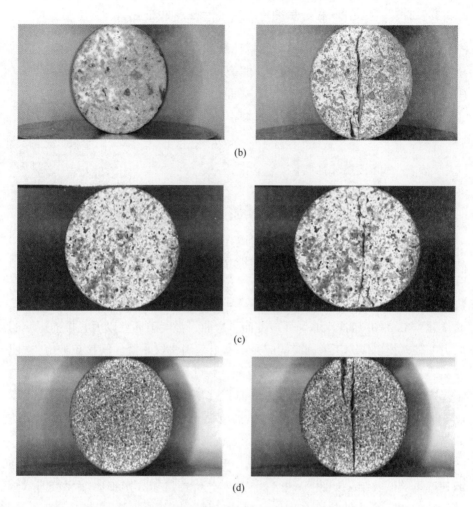

图 3.53 井口砂岩间接拉伸试验破坏前后照片

（a）田下凝灰岩；（b）荻野凝灰岩；（c）江持安山岩；（d）井口砂岩

3.6 岩石荷载速率效应相似性与差异性分析

3.6.1 岩石拉压特征相似性

本节以田下凝灰岩为研究对象，通过上述单轴压缩、单轴拉伸和间接拉伸（巴西劈裂）试验，分析三种试验条件下全应力-应变曲线的相似性、强度荷载速率的相似性。研究岩石在拉应力和压应力作用下力学特征的相似性和规律性，对于探明岩石的变形破坏机制具有重要的意义。

3.6.1.1 全应力-应变曲线的比较（拉压荷载条件）

应力-应变曲线是反映岩石力学特性最基本的试验结果，单轴压缩和单轴拉伸试件尺寸都是 $\phi25mm\times50mm$，劈裂试件尺寸为 $\phi12.5mm\times25mm$，用式（3.1）求解得到间接拉伸强度。

$$\sigma_{IT} = \frac{-2P}{\pi DL} \tag{3.1}$$

式中 σ_{IT}——间接拉伸强度；

P——最大破坏荷载；

D，L——分别为劈裂件直径和厚度。

图 3.54（a）所示为田下凝灰岩单轴压缩（$1\times10^{-5}/s$）、单轴拉伸（$1\times10^{-5}/s$）和间接拉伸（$5\times10^{-5}mm/s$）的完全应力-应变曲线，其中横轴和纵轴分别用峰值强度（荷载）、破坏应变（位移）进行归一化处理。强度破坏点以前，压缩试验的应力-应变曲线在 $\sigma^* = 0.2$ 至 $\sigma^* = 0.9$ 阶段为直线，拉伸试验从 $\sigma^* = 0.33$ 开始产生非弹性应变而呈弯曲，强度破坏点以后，拉伸试验的应力下降显得稍快，压缩试验的应力基本上呈斜直线下降。间接拉伸应力-应变曲线在 $\sigma^* = 0.3$ 至 $\sigma^* = 1$ 阶段为直线，强度破坏点后，应力-应变曲线剧烈下降，应力下降到峰后 $\sigma^* = 0.4$ 后，应变增大，应力又继续上升，表现出较高残余强度。因此，田下凝灰岩在单轴压缩、单轴拉伸和间接拉伸整体形状非常相似，并且都存在延性破坏和残留强度现象。

田下凝灰岩在单轴压缩交替荷载、单轴拉伸交替荷载和间接拉伸交替荷载速率下的试验结果如图 3.54（b）所示，峰前区域，单轴压缩交替曲线被单轴拉伸和间接拉伸包络在中间，峰后区域，单轴压缩交替曲线缓慢下降，而间接拉伸交替曲线则剧烈下降，三种荷载条件下残余强度都比较大，其规律大体和恒定荷载速率试验一致。

3.6.1.2 加载-卸载-再加载路径的相似性

田下凝灰岩压荷载条件下的加载-卸载-再加载曲线如图 3.35（a）所示，其不同应力水平下和不同应变水平下卸载曲线的斜率如图 3.36（a）所示。在峰前区域，随着应变水平（应力水平）的增大，卸载曲线斜率呈现幂函数形式分布。在峰后区域，随着应变水平的增大，卸载曲线斜率减小，也呈幂函数形式分布，其在卸载曲线图中与全应力-应变曲线大体相似。而田下凝灰岩

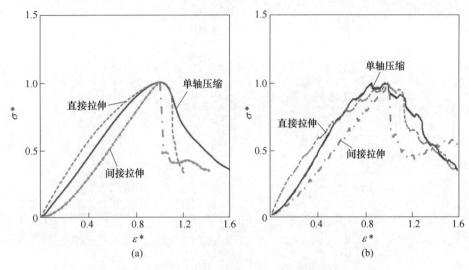

图3.54 田下凝灰岩单轴压缩、拉伸和间接拉伸曲线相似性
(a) 恒定荷载速率；(b) 交替荷载速率

间接拉伸条件下加载-卸载-再加载曲线（如图3.39（a）所示）与单轴压缩条件下曲线类似，峰前和峰后区域卸载曲线斜率也随着应变水平（位移）的增大，大体与全应力-应变曲线（全荷载-位移曲线）相类似。

3.6.1.3 强度荷载速率的相似性

单轴压缩荷载试验加载速率范围为 $1 \times 10^{-6} \sim 1 \times 10^{-3}/s$，直接拉伸试验加载速率范围为 $1 \times 10^{-7} \sim 1 \times 10^{-5}/s$，间接拉伸试验的加载速率转化后近似为 $5 \times 10^{-6} \sim 5 \times 10^{-3}/s$。从荷载速率来看，不同的荷载速率范围有一定的差异，但从荷载作用开始到岩石试件达到破坏强度为止的时间 t_F（即破坏寿命）来看，上述三种试验的破坏寿命 t_F 的范围基本相同，大概为 $10^1 \sim 10^4 s$ 范围之内。另外，当荷载速率增加10倍数时，破坏寿命 t_F 近似相当于缩短了10倍。因此，利用岩石强度-破坏寿命 t_F 之间的关系来研究不同荷载条件下强度的荷载速率依存性，可消去不同试验荷载速率差异带来的影响，便于分析比较[9]。图3.55所示为田下凝灰岩单轴压缩、直接拉伸和间接拉伸强度荷载速率依存性试验结果。纵轴取岩石强度增量的变化率，目的在于消去不同试验强度绝对值差异的影响，便于相互之间的比较；横轴为 t_F 的对数，反映了荷载作用开始至岩石试件达到破坏强度为止的时间。由此可以看出，在所示半对数坐标图中，岩石强度随 t_F 的减小基本上呈直线增加。

消去不同试验强度绝对值差异的影响后，岩石强度的荷载速率效应可统

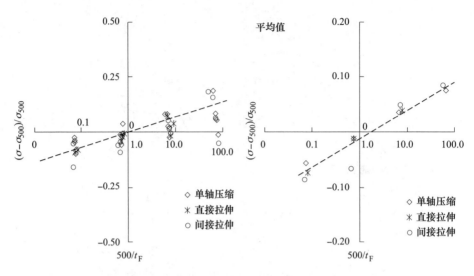

图 3.55　强度荷载速率效应试验结果（单轴压缩、直接拉伸和间接拉伸）

一用式（3.2）表示：

$$\sigma = \sigma_{500} + \frac{\sigma_{500}}{k} \log\left(\frac{500}{t_F}\right) \qquad (3.2)$$

式中　σ——试验时间 $t_F(s)$ 时的岩石强度，MPa；

$\quad\sigma_{500}$——试验时间 500s 时的岩石强度，也称基准强度，MPa，是根据 ISRM 推荐的时间标准（300～600s）确定的；

$\quad k$——由岩石而确定的常数，对于田下凝灰岩 $k=20$；

$\quad t_F$——荷载作用开始至岩石试件达到破坏强度的时间，s。

图 3.55 和式（3.2）表明，岩石的单轴压缩试验、直接拉伸试验、间接拉伸强度的载荷速度效应具有相同的规律性，可以相互换算。

3.6.2　Ⅰ类和Ⅱ类岩石差异性

对Ⅰ类岩石（田下凝灰岩、荻野凝灰岩）和Ⅱ类岩石（江持安山岩、井口砂岩）两类岩，只有在单轴压缩荷载和间接拉伸（巴西劈裂）条件下有完整的对比数据，其对比分析如下。

图 3.56 所示为单轴压缩条件下，恒定荷载速率 4 种不同岩石的全应力-应变曲线。从田下凝灰岩 $\alpha=0$（即应变速率控制）、荻野凝灰岩 $\alpha=0.3$（即应力归还法）条件下的试验结果可以看出，Ⅰ类岩石用应变速率控制和应力归还法差异不大（图 3.56（a）、（b））。从江持安山岩 $\alpha=0$（即应变速率控

制），井口砂岩 $\alpha = 0.3$（即应力归还法）条件下的试验结果可以看出，Ⅱ类岩石如用应变速率控制，峰后曲线为正的点采集不到，应力急剧下降，出现控制不稳定情况，得不到Ⅱ类岩石峰后完整的应力-应变曲线；而用应力归还法控制，则能够获得完整的应力-应变曲线，具体如图 3.56（c）、（d）所示。

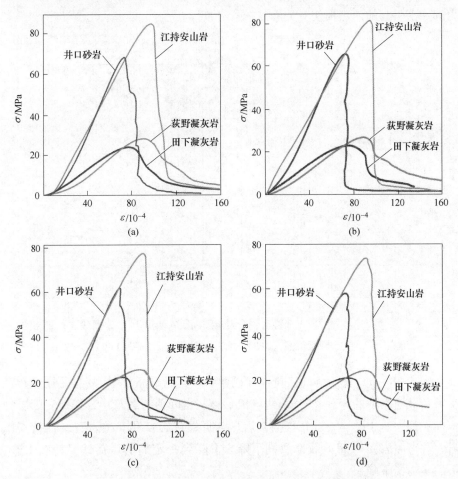

图 3.56 恒定荷载速率下不同岩石的全应力-应变曲线

(a) $1 \times 10^{-3}/\text{s}$；(b) $1 \times 10^{-4}/\text{s}$；(c) $1 \times 10^{-5}/\text{s}$；(d) $1 \times 10^{-6}/\text{s}$

图 3.57（a）所示为单轴压缩条件，交替荷载速率下4种不同岩石的全应力-应变曲线。田下凝灰岩破坏强度最小，江持安山岩破坏强度最大。Ⅰ类岩石（田下凝灰岩、获野凝灰岩）峰后应力缓慢下降，Ⅱ类岩石（江持安山岩、井口砂岩）峰后应力急剧下降，出现斜率为正的曲线，其趋势和恒定荷载速率下4种岩石曲线走向相一致。

图 3.57（b）所示为单轴压缩条件下，加载-卸载-再加载荷载速率下 4 种不同岩石的全应力-应变曲线。其曲线形态和恒定荷载速率、交替荷载速率下的大体一致，而破坏强度、破坏应变要稍微小于恒定荷载速率和交替荷载速率下的值，原因可能和岩石被不断加载-卸载-再加载时内部颗粒不断受到内力的冲击引起的内部损伤有关。

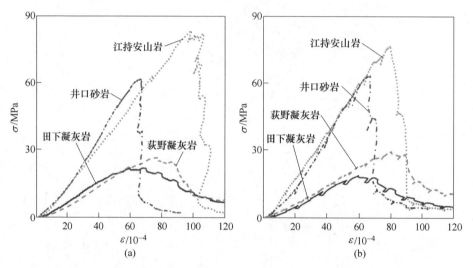

图 3.57　交替、加载-卸载-再加载荷载速率下不同岩石的应力-应变曲线（单轴压缩）
(a) 交替荷载速率（ALR）；(b) 加载-卸载-再加载（LUR）

图 3.58（a）所示为间接拉伸（巴西劈裂）荷载条件下，4 种不同岩石在交替荷载速率下的荷载-位移曲线。田下凝灰岩峰值荷载最小，江持安山岩峰值荷载最大。Ⅰ类岩石（田下凝灰岩、荻野凝灰岩）和Ⅱ类岩石（江持安山岩、井口砂岩）峰后荷载都急剧下降，下降到一定的值后荷载又持续上升，最后应力又下降。

图 3.58（b）所示为间接拉伸（巴西劈裂）荷载条件下，4 种不同岩石在加载-卸载-再加载荷载速率下的荷载-位移曲线。同交替荷载速率试验结果一样，田下凝灰岩峰值荷载最小，江持安山岩峰值荷载最大。除了井口砂岩破坏时的位移减小外，Ⅰ类岩石（田下凝灰岩、荻野凝灰岩）和Ⅱ类岩石（江持安山岩、井口砂岩）荷载-位移曲线规律和交替荷载速率条件下试验结果几乎一样，峰后荷载都急剧下降，下降到一定的值后荷载又持续上升，最后应力又下降；而破坏荷载、破坏位移也稍微小于恒定荷载速率和交替荷载速率下的值，其原因或许和岩石被不断加载-卸载-再加载引起的内部损伤有关。

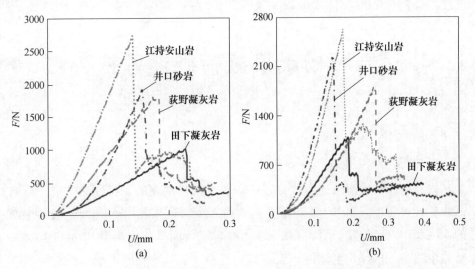

图 3.58 交替、加载-卸载-再加载荷载速率下不同岩石的荷载-位移曲线（间接拉伸）

(a) 交替荷载速率（ALR）；(b) 加载-卸载-再加载（LUR）

4 岩石杨氏模量荷载速率依存性

4.1 试验方法

　　岩石杨氏模量荷载速率依存性试验要求试件端面的平整度非常高，所以试验比较难实现。本书为了克服数据的离散性，采用意大利 Controll 公司生产的 55-C0201/C 岩芯磨平机（图 3.1）制备了端面平整度为 0.01mm 的试件。对每个速率下执行 8 个试件，获取其平均值，较好地克服了杨氏模量数据离散性。对 II 类岩石采用应力归还法，可得到峰后完整的应力-应变曲线。杨氏模量荷载速率依存性试验的重点是获得峰前杨氏模量的精确值，应变速率控制的优点是峰前控制比较稳定。故 I 类岩石（田下凝灰岩，荻野凝灰岩）杨氏模量数据来自第 3 章中的强度荷载速率依存性试验，II类岩石（江持安山岩和井口砂岩）通过应变速率控制重新进行了 4 个速率全应力-应变曲线试验。单轴压缩荷载条件下 4 个速率分别为 $1\times10^{-6}/s$、$1\times10^{-5}/s$、$1\times10^{-4}/s$、$1\times10^{-3}/s$，直接拉伸荷载条件下 3 个速率分别为 $1\times10^{-7}/s$、$1\times10^{-6}/s$、$1\times10^{-5}/s$，间接拉伸荷载速率为 $5\times10^{-3}mm/s$、$5\times10^{-4}mm/s$、$5\times10^{-5}mm/s$、$5\times10^{-6}mm/s$。

4.2 计算原理

　　（1）压缩杨氏模量。在单轴压缩荷载条件下，通过不同加载速率试验获得岩石的全应力-应变曲线，然后通过图 4.1 所介绍方法获得 30% 应力处的杨

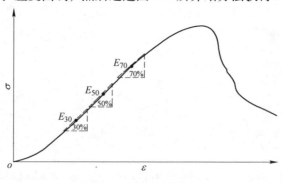

图 4.1　压缩切线模量

氏模量（切线模量）E_{30}、50%处的杨氏模量（切线模量）E_{50}和70%应力处的杨氏模量（切线模量）E_{70}。

（2）直接拉伸模量。本书选择直接拉伸曲线初始模量作为拉伸杨氏模量，即将过原点和峰前曲线相切的直线斜率作为直接拉伸曲线的拉伸杨氏模量，如图4.2所示。

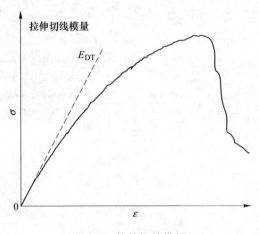

图4.2 拉伸初始模量

（3）劈裂模量。间接拉伸试验即巴西劈裂试验的杨氏模量为劈裂模量，其方法如下：

1）在间接拉伸曲线上，把纵轴除以岩石子午面面积，岩石子午面是指垂直于劈裂试件端面，并经过直径沿厚度方面的切面，如图4.3所示的 $ABCD$ 矩形面，其面积 $P_{mp}=D×L$，D 是劈裂试件直径，L 是劈裂试件厚度。

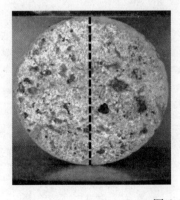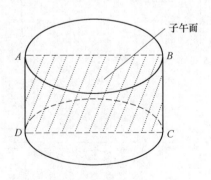

图4.3 劈裂子午面

2）在间接拉伸曲线上，把横轴除以试样的直径 D。

3) 计算劈裂模量 E_{IT}，其值是间接拉伸曲线峰前直线段部分斜率，量纲为 GPa，从而 E_{IT}能够反应岩石弹性变形属性。

4.3　单轴压缩荷载-杨氏模量速率效应

如图 4.4 所示，田下凝灰岩在 4 种速率、3 种应力水平下的杨氏模量值比较均匀，E_{50} 值最大，E_{70} 最小，E_{30} 值处于中间。不同应力水平下的杨氏模量值的大小主要取决于岩石的应力-应变曲线的形状。

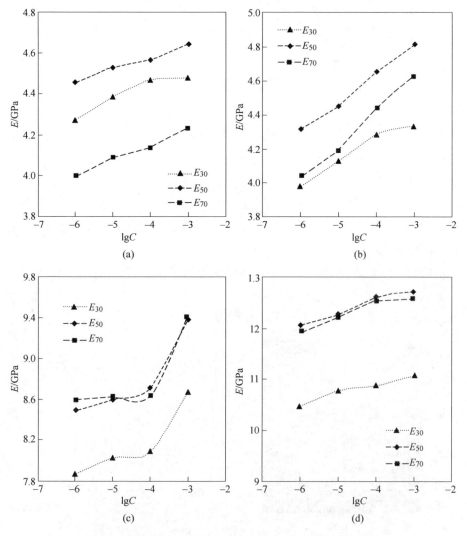

图 4.4　杨氏模量（30%、50%、70%）与加载速率的关系

（a）田下凝灰岩；（b）荻野凝灰岩；（c）江持安山岩；（d）井口砂岩

获野凝灰岩在 4 种速率、3 种应力水平下的杨氏模量，E_{50} 值最大，E_{30} 最小，E_{70} 值处于中间。在低荷载速率下 E_{30} 和 E_{70} 比较接近，E_{50} 值较大，在高速率下三种应力水平的杨氏模量差值比较均匀。

江持安山岩在 4 种速率、3 种应力水平下的杨氏模量，E_{70} 值最大，E_{30} 最小，E_{50} 值处于中间；在 4 种速率下 E_{50} 和 E_{70} 基本重合，而 E_{30} 在 4 种速率下整体小于 E_{50} 和 E_{70}。

井口砂岩在 4 种速率、3 种应力水平下的杨氏模量，E_{50} 值最大，E_{30} 最小，E_{70} 值处于中间，而 E_{50} 和 E_{70} 基本重合，E_{30} 在 4 种速率下整体小于 E_{50} 和 E_{70}。

在同一应力水平下 4 种岩石的杨氏模量如图 4.5 所示。井口砂岩的杨氏

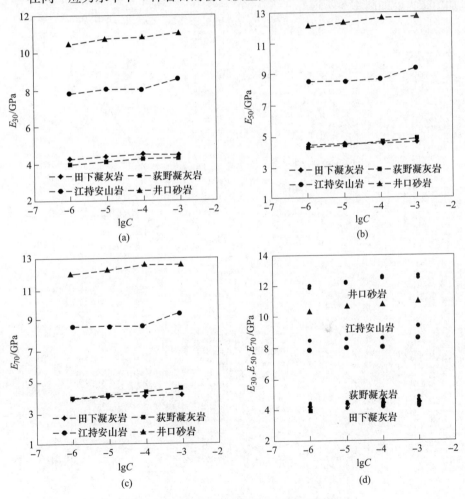

图 4.5　四种岩石杨氏模量与加载速率的关系

(a) 30%；(b) 50%；(c) 70%；(d) 30%、50%、70%

模量最大，江持安山岩次之，田下凝灰岩和荻野凝灰岩最小，且此两者的值几乎接近。随着荷载速率的增加，4 种岩石在 30%、50% 和 70% 应力水平下的杨氏模量均匀增加，表现出杨氏模量的荷载速率依存性。

在双对数轴上 4 种岩石的 E_{30} 都呈现良好的线性关系，其中砂岩相关系数为 0.961，线性程度最高；其次是荻野凝灰岩的相关系数为 0.9558；江持安山岩由于试件端面平整度等原因，相关系数为 0.8297，线性程度较低。砂岩和荻野凝灰岩在 4 种速率下，杨氏模量增加比较均匀，而田下凝灰岩在高速率下杨氏模量增加比较均匀，在低速率下杨氏模量增加值比较大。江持安山岩在低速率下杨氏模量增加值比较均匀，在高速率下（$1×10^{-3}/s$）杨氏模量增加值很大，如图 4.6 所示。

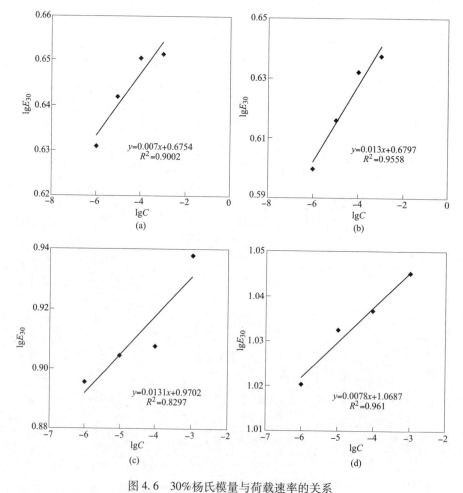

图 4.6　30% 杨氏模量与荷载速率的关系

（a）田下凝灰岩；（b）荻野凝灰岩；（c）江持安山岩；（d）井口砂岩

在双对数轴上 4 种岩石的 E_{50} 也都呈现良好的线性关系，除了江持安山岩外，其他 3 种岩石线性程度与 E_{30} 相比效果更好。获野凝灰岩的相关系数达到 0.9947，不同荷载速率下杨氏模量的增加值非常均匀；田下凝灰岩的相关系数为 0.982，较低速率和较高速率下杨氏模量增加值较大，而中间速率下杨氏模量的增加值较小；砂岩相关系数为 0.9671，线性程度也很好，并且不同荷载速率下杨氏模量的增加值也非常均匀；江持安山岩由于试件端面平整度等原因，相关系数为 0.8297，线性程度较低。砂岩和获野凝灰岩在 4 种速率下，杨氏模量增加比较均匀，而田下凝灰岩在高速率下杨氏模量增加比较均匀，在低速率下杨氏模量增加值比较大。江持安山岩相关系数为 0.8085，在 3 种低速率下，杨氏模量增加率较均匀；但在高速率（$1×10^{-3}$/s）下，杨氏模量增加值较快，离散性较大，和 E_{30} 大体一致，如图 4.7 所示。

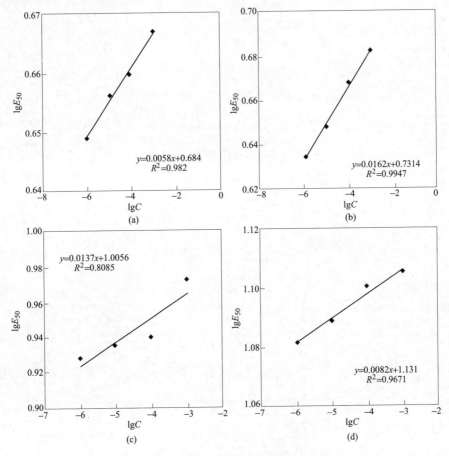

图 4.7 50%杨氏模量与荷载速率的关系

（a）田下凝灰岩；（b）获野凝灰岩；（c）江持安山岩；（d）井口砂岩

　　在双对数轴上 4 种岩石的 E_{70}，也都呈现良好的线性关系。荻野凝灰岩的相关系数达到了 0.9944，不同荷载速率下杨氏模量的增加值非常均匀；田下凝灰岩的相关系数为 0.9915，不同荷载速率下杨氏模量的增加值也非常均匀；砂岩相关系数为 0.9181，低速率和中间速率下杨氏模量增加值较大，高速率下杨式模量增加值较小；江持安山岩的相关系数最小，为 0.6385，3 种低速下杨氏模量增加值非常小，而高速率（1×10^{-3}/s）下杨氏模量增加值突然变得很大。在 3 种应力水平（30%、50%、70%）下，杨氏模量的荷载速率依存性效果最好的是荻野凝灰岩，效果最差的是江持安山岩，其原因或许主要和试件端面平整度、试件空隙、内部弱面等相关，如图 4.8 所示。

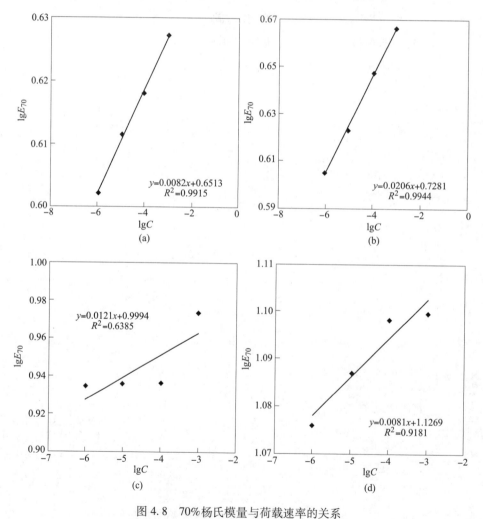

图 4.8　70% 杨氏模量与荷载速率的关系

（a）田下凝灰岩；（b）荻野凝灰岩；（c）江持安山岩；（d）井口砂岩

4.4　单轴拉伸荷载-杨氏模量速率效应

4.4.1　直接拉伸荷载条件

在单轴直接拉伸试验中分析了强度荷载速率依存性，即随着荷载速率的增大，直接拉伸破坏强度也增大，破坏应变也增大，而破坏时对应的非弹性应变几乎没有变化。岩石单轴压缩试验由于试件端部效应和岩石内部孔隙等原因，单轴压缩全应力-应变曲线在原点附近曲线下凹，大约进入30%应力水平后曲线才呈直线，表现出弹性性质。而单轴直接拉伸曲线从施加荷载开始，即在原点附近，曲线就呈上凸的特性。岩石直接拉伸全应力-应变峰前曲线并不呈现线性状态，而是模量的平均值为4.09GPa，标准差为0整体上凹形状，从而导致确定直接拉伸荷载条件下的杨氏模量很难界定。本书选择图4.2的计算原理来获取直接拉伸荷载下的拉伸初始模量，由试验结果得到田下凝灰岩拉伸杨氏模量，如图4.9所示。加载速率 $C = 1 \times 10^{-7}/s$ 时执行了4个拉伸试件，杨氏模量平均值为4.09GPa，标准差为0.65，变异系数为15.90，数据离散性较高；加载速率 $C = 1 \times 10^{-6}/s$ 时执行了3个拉伸试件，杨氏模量的平均值为4.20GPa，标准差为0.21，变异系数为5.03，数据质量较高；加载速率 $C = 1 \times 10^{-5}/s$ 时执行了3个拉伸试件，杨氏模量的平均值为4.29GPa，标准差为0.35，变异系数为8.07。即随着荷载速率的增大，拉伸杨氏模量增大，在双对数轴上表现出了非常好的线性关系，线性相关系数为0.9959。

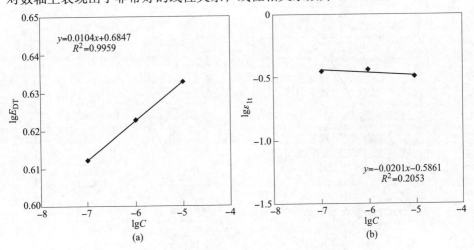

图 4.9　直接拉伸杨氏模量与荷载速率的关系

（a）直接拉伸杨氏模量荷载速率效应；（b）直接拉伸非弹性应变

4.4.2 间接拉伸荷载条件

间接拉伸试验即巴西劈裂试验，本书对田下凝灰岩和井口砂岩分别进行了 $5×10^{-3}$ mm/s、$5×10^{-4}$ mm/s、$5×10^{-5}$ mm/s、$5×10^{-6}$ mm/s 速率下的荷载速率依存性试验。两种岩石的力-位移曲线在经过短暂的底斜率曲线后，很快过渡到直线阶段。当应力达到峰值时，发生破坏，应力急剧下降，当下降到一定程度后，应力又逐渐增大，表现出较大的残余应力，但劈裂曲线破坏点以前的曲线以直线为主。对由间接拉伸得到的力-位移劈裂全过程曲线进行量纲分析处理[91]，目的是从间接拉伸曲线中的得到一个具有弹性模量量纲的变量-劈裂模量 E_{IT}。对田下凝灰岩和井口砂岩间接拉伸曲线（如图 3.23 和图 3.24 所示）按照图 4.3 量纲处理后得到的曲线如图 4.10 和图 4.11 所示。田下凝

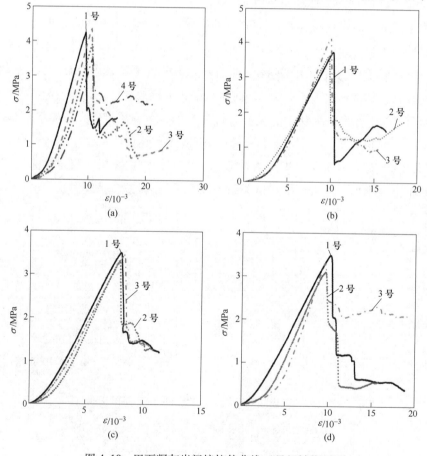

图 4.10   田下凝灰岩间接拉伸曲线（量纲转换后）
(a) $5×10^{-3}$ mm/s；(b) $5×10^{-4}$ mm/s；(c) $5×10^{-5}$ mm/s；(d) $5×10^{-6}$ mm/s

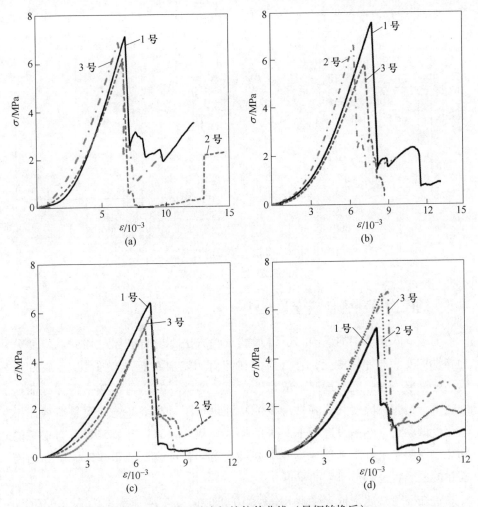

图 4.11 井口砂岩间接拉伸曲线（量纲转换后）

(a) 5×10^{-3} mm/s；(b) 5×10^{-4} mm/s；(c) 5×10^{-5} mm/s；(d) 5×10^{-6} mm/s

灰岩和井口砂岩间接拉伸劈裂模量的荷载速率依存性（如图 4.12 所示）、加载速率和劈裂模量在双对数轴上表现出非常好的线性关系，相关系数分别为 0.9309、0.9105。随着加载速率的增大，田下凝灰岩和井口砂岩劈裂模量都增大，表现出良好的荷载速率依存性。对单轴压缩、直接拉伸和间接拉伸 3 种荷载条件下的杨氏模量进行了对比分析，得到田下凝灰岩杨氏模量压/拉（直接）比为 $k = 4.55/4.19 = 1.086$，压/拉（间接）比为 $k = 4.55/0.57 = 7.983$，直接/间接杨氏模量比为 $k = 7.3509$。井口砂岩压/拉（间接）比为 $k = 12.42/1.49 = 8.3356$。

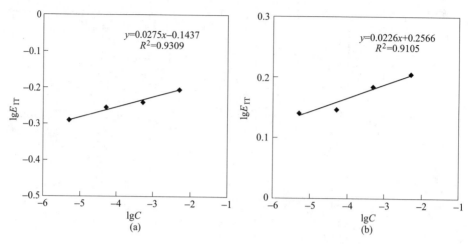

图 4.12   间接拉伸劈裂模量的荷载速率依存性

（a）田下凝灰岩；（b）井口砂岩

4.5   杨氏模量和弹性应变关联性

通过 3.3.3 节中加载−卸载−再加载试验方法将岩石破坏过程中总应变分为弹性应变和非弹性应变，弹性应变在卸荷后完全恢复，非弹性应变在卸荷后不能恢复。在强度荷载速率依存性中通过加载−卸载−再加载获得卸载曲线的斜率，把弹性应变和非弹性应变成功地进行了分离。在杨氏模量荷载速率依存性试验中，本书只进行了 50% 的加载卸载试验，获得了 50% 应力水平的卸载曲线斜率来分离弹性应变和非弹性应变。弹性应变、非弹性应变和杨氏模量的关系将是本节研究的重点。

将强度荷载速率依存性速率增大 10 倍时的强度增加率记为 $\Delta UCS/UCS$，将杨氏模量荷载速率依存性在 30%、50% 和 70% 应力水平下速率增大 10 倍时的杨氏模量增加率记为 $\Delta E/E$。杨氏模量增加率和强度增加率比为 $(\Delta E/E)/(\Delta UCS/UCS)$，称为杨氏模量强度关联性，如图 4.13 所示。田下凝灰岩、江持安山岩和井口砂岩在不同应力水平下 (σ/σ_c) 杨氏模量和强度的关联性变化不大，而获野凝灰岩随着应力水平的增加，杨氏模量强度关联性逐渐增大。本书对 4 种岩石进行了 50% 应力水平的加载卸载试验（加载速率为 $1\times10^{-5}/s$，卸载速率为 $-1\times10^{-5}/s$），对非弹性应变进行分离，研究非弹性应变和杨氏模量的关系，得到田下凝灰岩、获野凝灰岩、江持安山岩和井口砂岩在 50% 应力水平下的卸载模量分别为 5.55GPa、7.8GPa、12GPa 和 11.6GPa。对 50% 应力水平下的卸载模量进行归一化处理（除以 E_{50}），得到卸载模量与 50% 杨氏模量的增加率的关系，如图 4.14 所示。杨氏模量的增加率从高到低顺序分别是荻野凝灰岩、江持安山岩、井口砂岩和田下凝灰岩。利用 50%卸载模量把总应变分为弹性应变（ε_3）和非弹性应变（ε_1），得到不同应力水平下非弹性应变的增加率，如图 4.15 所示。随着应力水平的增大，4 种岩石非弹性应变增加率（$\varepsilon_1/\varepsilon$）都减小，其中井口砂岩的减小速率最快，田下凝灰岩的减小速率最慢，非弹性应变增加率反映了岩石内部的缺陷情况。杨氏模量强度关联性和非弹性应变增加率关系如图 4.16 所示。

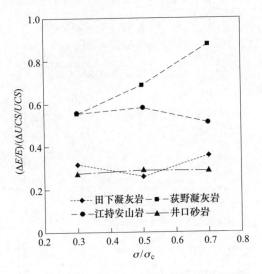

图 4.13 不同应力水平下杨氏模量强度关联性

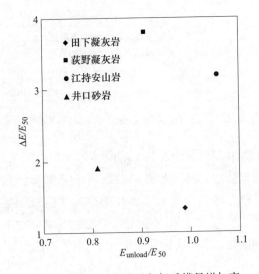

图 4.14 50%卸载模量与杨氏模量增加率

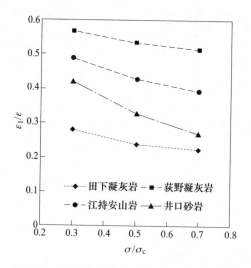

图 4.15　不同应力水平下非弹性应变增加率

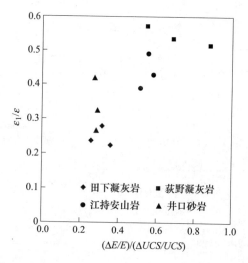

图 4.16　杨氏模量强度关联性与非弹性应变增加率

综上所述，本节主要得到如下三个结论：

（1）单轴压缩试验中，通过加载-卸载-再加载试验，基于卸载曲线直线段斜率，把总应变分为弹性应变和非弹性应变。从试验结果可知，随着荷载速率的增大，弹性应变增大，而非弹性应变几乎不变。对Ⅰ类岩石和Ⅱ类岩石，随着荷载速率的增大，杨氏模量也增大，当速率增大10倍时，Ⅰ类岩石杨氏模量的增加量要大于Ⅱ类岩石杨氏模量的增加量。而非弹性应变的增加和应力水平有关，即应力水平增大，非弹性应变增加，当荷载速率增大10倍时，弹性应变明显增加，而非弹性应变几乎不变，从而认为非弹性应变对加载速率不敏感，即杨氏模量的增加主要是由弹性应变引起的。直接拉伸试验结果表明，随着荷载速率的增大，破坏应变增大，破坏应变具有明显的荷载速率效应；随着荷载速率的增大，破坏时非弹性应变几乎不变，即拉伸非弹性应变荷载速率依存性不明显。与单轴压缩条件下压缩杨氏模量和非弹性应变关系类似，单轴拉伸条件下，拉伸杨氏模量的变化主要是由弹性应变引起的，非弹性应变不引起拉伸杨氏模量的变化。

（2）岩石的非弹性应变和岩石内部的弱面、缺陷和孔隙等有关，孔隙率较大的岩石，风干和饱水下的强度有较大差异，其主要原因是由于大量水分进入岩石内部，导致岩石内部黏接力下降，促进了应力腐蚀的缘故[92]。到目前为止，风干状态下和饱水状态下杨氏模量的变化很难解释的清楚。杨氏模量是弹性系数的一种，不应该受水分的影响。但实际研究发现，饱水状态下的杨氏模量比风干状态下的杨氏模量小很多。强度荷载速率依存性试验中发现风干与饱水状态下应变的差实际上是非弹性应变的差，故可用非弹性应变来解释风干和饱水状态下杨氏模量的差异[93]。即在风干和饱水状态下杨氏模量的差异，不能仅仅认为是弹性应变引起的，非弹性应变在此也起很大的作用，在饱水状态下杨氏模量的降低可能与非弹性应变大幅度增加有很大的关系。

（3）本节主要研究了风干状态下杨氏模量的荷载速率依存性，而没有研究饱水状态下杨氏模量的荷载速率依存性。通过进行风干状态下单轴压缩和直接拉伸条件下的杨氏模量荷载速率依存性试验，发现风干状态下非弹性应变几乎没有荷载速率依存性，而风干状态下杨氏模量的荷载速率依存性主要是由弹性应变引起的，饱水状态下杨氏模量的荷载速率依存性作为未来研究课题，将与风干状态下杨氏模量变化机理进行对比分析研究。

5 岩石非线性黏弹性可变模量本构方程

>>>

岩石具有较强的非线性特性，国内外学者提出和建立了许多具有理论意义和实用价值的岩石非线性本构模型，但绝大多数模型都只能反映岩石非线性特性的局部，极难做到既能表现岩石变形破坏的全过程，又能描述荷载速率依存性、杨氏模量速率依存性。S. Okubo[48]等人在荷载速率依存性、加卸载试验、蠕变试验、松弛试验等方面研究成果的基础上，提出了弹簧模型可变模量本构方程，能较好地描述岩石的非线性黏弹性特性的优点，并且在恒定应力速率、恒定应变速率、蠕变和松弛条件下都具有解析解。但该模型没有把弹性应变和非弹性应变分离，不能解释杨氏模量的荷载速率依存性。针对现有模型的不足，本章考虑用非线性 Maxwell 模型及考虑非弹性应变的可变模量本构方程研究岩石强度荷载速率和杨氏模量荷载速率依存性。

5.1 非线性黏弹性可变模量本构方程构建

在解决岩石的黏弹性问题方面，虽然考虑了黏弹性和时间相关性的力学模型很多，如 Maxwell 模型、Kelvin 模型等，但这些模型仅局限于解决线性黏弹性问题。按是否考虑岩石时间效应来区分，力学模型可以分为两大类：一类为不考虑时间效应的本构模型，包括弹性模型、非线性弹性模型、弹塑性模型等；另一类为考虑时间效应的本构模型，包括黏弹性模型、黏弹塑性模型等。

S. Okubo[48]在有关模型和大量试验基础上提出了基于弹簧模型的非线性黏弹性可变模量本构方程，如图 5.1、式（5.1）和（5.2）所示。该本构方程的特点是能较好地描述岩石的非线性黏弹性特性，并且具有解析解。

$$\varepsilon = \lambda \sigma \tag{5.1}$$

$$\frac{\mathrm{d}\lambda}{\mathrm{d}t} = a\lambda^{m}\sigma^{n} \tag{5.2}$$

式中　λ——可变模量，因此称为可变模量本构方程式；

　　　σ——应力；

　　　ε——应变；

a——常数；

t——时间；

m——应力应变曲线形状的参数，$-\infty < m < +\infty$；

n——载荷速度效应的参数，$1 \leqslant n < +\infty$。当 $n = 1$ 时，$\mathrm{d}\lambda / \mathrm{d}t$ 与应力 σ 成正比，则与牛顿黏性体相同；而当 $n > 1$ 时，则表示一般黏性体。

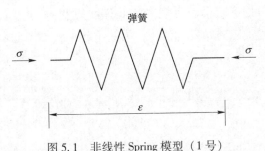

图 5.1 非线性 Spring 模型（1 号）

在此仅讨论 $n>1$ 时，即非线性黏弹性体的情况。这里定义了一个不同于杨氏模量 E 的可变模量 λ，其出发点主要有以下三个：

（1）通常所说的杨氏模量 E（Young's modulus），在压缩试验的应力-应变曲线上，一般应用于破坏强度点以前的区域。为了便于论及破坏强度点以后的岩石特性，故在本构方程式中采用了广义意义上的模量 λ，简称模量（Compliance）。

（2）在数式的解析过程中，用 λ 来表示后有较多的方便之处。

（3）在进行有限元数值计算时，可变模量在描述岩石破坏特性和时间效应方面非常适用[9]。

基于 Spring 模型的可变模量本构方程，能较好地描述岩石的非线性黏弹性特性，优点是在恒定应力速率、恒定应变速率、蠕变和松弛条件下都具有解析解，能求解得到强度荷载速率模型、杨氏模量荷载速率模型和蠕变破坏寿命模型，但其存在如下不足：

（1）该本构方程只有一个弹簧元素，仅仅考虑的是弹性应变，没有考虑非弹性应变。

（2）该模型未考虑非弹性应变，不能完整地解释杨氏模量的荷载速率依存性。风干和饱水状态下杨氏模量具有较大的差异，其主要原因是由岩石的非弹性应变引起的[76]，从而该本构模型也无法解释风干和饱水条件下杨氏模量的变化。

（3）该本构方程不能模拟斜率为正的 II 类岩石曲线，对低应力水平下的流变特性的模拟也比较困难。

5.1.1 非线性 Maxwell 模型

在 Spring 模型的基础上添加阻尼器，得到非线性 Maxwell 模型，如图 5.2 所示，弹簧表示可恢复的弹性应变，即使弹簧的系数随时间发生变化，但其影响也很有限；阻尼器表示不可恢复的非弹性应变，一般情况下其黏度系数或者变形的难易程度随时间发生变化，为简单起见，不考虑塑性变形[93~95]。

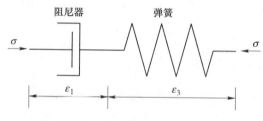

图 5.2 非线性 Maxwell 模型 （2 号）

本书在式 （5.1）、式 （5.2） 基础上首次提出如下可变模量本构方程：

$$\varepsilon = \varepsilon_1 + \varepsilon_3 \tag{5.3}$$

$$\frac{\mathrm{d}\varepsilon_1}{\mathrm{d}t} = a_1 \varepsilon_1^{-m_1} \sigma^{n_1} \tag{5.4}$$

$$\varepsilon_3 = \lambda \sigma \tag{5.5}$$

$$\frac{\mathrm{d}\lambda}{\mathrm{d}t} = (a_1 \lambda^{-m_1} + a_3 \lambda^{m_3}) \sigma^{n_3} \tag{5.6}$$

式中　λ——图 5.2 弹簧的可变模量，是弹簧弹性系数的倒数；

　　　t——时间；

　　　ε——应变；

　　　σ——应力。

参数范围为：$a_1 > 0$，$a_3 > 0$，$+\infty > m_1 > -\infty$，$+\infty > m_3 > -\infty$，$n_1 \geqslant 1$，$n_3 \geqslant 1$。当 $n_1 = n_3 = 1$ 时，是牛顿黏性体；当 $n_1 > 1$，$n_3 > 1$ 时，表示的是一般黏性体。

对该本构模型的改进及其优点如下：

（1）基于非线性 Maxwell 模型的变模量本构方程，将弹性应变和非弹性应变进行分离，能解释杨氏模量荷载速率依存性。

（2）可变模量 λ 表示试件破坏的程度，即在全应力-应变曲线峰前区域，λ 值很小，式 （5.6） 中 $a_1 \lambda^{-m_1}$ 值占主体；在峰后区域 λ 值变大，式 （5.6）

中 $a_3\lambda^{m_3}$ 值占主体，从而该本构方程既能描述全应力-应变峰后斜率为正的曲线，也能描述全应力-应变峰后斜率为负的曲线。

（3）能够得到考虑非弹性应变的强度荷载速率关系模型、杨氏模量荷载速率关系模型，对岩石模量的变化和非弹性应变的变化统一用可变模量来表现，在蠕变和恒定应力速率条件下具有解析解，可用于不同荷载条件下试验的解析分析，由于使用了可变模量，从而能够描述荷载速率效应，在有限元计算中应用十分方便。

（4）该本构方程中的参数具有一定的物理意义，并可通过试验来确定，参数 $\sigma=\sigma_0$ 之前一直没有找到合理的求解方法，在以前的计算中，假设 $n_1=n_3$ 来进行数值计算及模拟。本书创新性地对该本构方程中参数 n_3 通过杨氏模量荷载速率试验进行了求解，成功解决了之前未解决的问题。

（5）该本构方程既能模拟 I 类岩石又能模拟 II 类岩石的各种流变试验，可求解杨氏模量荷载速率模型、强度荷载速率模型。

5.1.2 可变模量本构方程解析

5.1.2.1 蠕变应变

设 σ_{cr} 为蠕变应力水平，ε_{cr} 为蠕变应变，由式（5.3）~式（5.6）可求得蠕变应变：

$$\varepsilon_{cr} = \left[\alpha_1(m_1+1)\sigma_{cr}^{n_1}\right]^{\frac{1}{m_1+1}} t^{\frac{1}{m_1+1}} \quad (m_1 \neq -1) \quad\quad (5.7)$$

5.1.2.2 蠕变寿命

对式（5.6）数值积分，得到蠕变寿命式（5.8）：

$$t_F \approx \frac{1}{m_3-1} \frac{1}{\alpha_3 \lambda_0^{m_3-1} \sigma_{cr}^{n_3}} \quad (m_3 > 1) \quad\quad (5.8)$$

式中　t_F——蠕变寿命；

　　　　σ_{cr}——蠕变应力水平；

　　　　λ_0——可变模量初值。

5.1.2.3 破坏强度

对式（5.6）数值积分，得到破坏强度式（5.9）：

$$\sigma_c \approx \left(\frac{n_3+1}{m_3-1}\right)^{\frac{1}{n_3+1}} \lambda_0^{\frac{1-m_3}{n_3+1}} \left(\frac{C}{a_3}\right)^{\frac{1}{n_3+1}} \quad (m_3 > 1) \quad\quad (5.9)$$

式中 σ_c——破坏强度；

　　　λ_0——可变模量初值；

　　　C——加载速率。

5.1.2.4   杨氏模量

对式（5.4）积分，得到式（5.10），对式（5.6）数值积分，得到式（5.11）：

$$\varepsilon_1 = \left[\frac{a_1(m_1 + 1)}{C(n_1 + 1)} \right]^{\frac{1}{m_1+1}} \sigma^{\frac{n_1+1}{m_1+1}} \tag{5.10}$$

$$\varepsilon_3 = \left[\frac{a_3(1 - m_3)}{C(n_3 + 1)} \sigma^{n_3+1} + \lambda_0^{1-m_3} \right]^{\frac{1}{1-m_3}} \sigma \tag{5.11}$$

记：

$$F(\sigma) = \left[\frac{a_3(1 - m_3)}{C(n_3 + 1)} \sigma^{n_3+1} + \lambda_0^{1-m_3} \right] \tag{5.12}$$

则有：

$$\sigma = \left[\frac{C(n_3 + 1)}{a_3(m_3 - 1)\lambda_0^{m_3-1}} \right]^{\frac{1}{n_3+1}} \tag{5.13}$$

对式（5.10）和式（5.5）对 σ 求导，得到式（5.14）和式（5.15）：

$$\frac{d\varepsilon_1}{d\sigma} = \left[\frac{a_1(m_1 + 1)}{C(n_1 + 1)} \left(\frac{n_1 + 1}{m_1 + 1} \right)^{m_1+1} \right]^{\frac{1}{m_1+1}} \sigma^{\frac{n_1-m_1}{m_1+1}} \tag{5.14}$$

$$\frac{d\varepsilon_3}{d\sigma} = \lambda_0 \tag{5.15}$$

从式（5.13）得到50%峰值强度为：

$$\sigma_{50} = 0.5 \left[\frac{C(n_3 + 1)}{a_3(m_3 - 1)\lambda_0^{m_3-1}} \right]^{\frac{1}{n_3+1}} \tag{5.16}$$

由式（5.14）~式（5.16）可得：

$$\frac{d\varepsilon}{d\sigma} = \left[\frac{a_1(m_1 + 1)}{C(n_1 + 1)} \right]^{\frac{1}{m_1+1}} \left(\frac{n_1 + 1}{m_1 + 1} \right) \sigma_{50}^{\frac{n_1-m_1}{m_1+1}} + \lambda_0 \tag{5.17}$$

从而得到杨氏模量为：

$$E = \frac{d\sigma}{d\varepsilon} = \frac{1/\lambda_0}{1 + (A'/\lambda_0)C^{n'}} \tag{5.18}$$

式中

$$A' = a_1^{\frac{1}{m_1+1}} \left(\frac{n_1+1}{m_1+1} \right)^{\frac{m_1}{m_1+1}} \left\{ 0.5 \left[\frac{n_3+1}{a_3(m_3-1)\lambda_0^{m_3-1}} \right]^{\frac{1}{n_3+1}} \right\}^{\frac{n_1-m_1}{m_1+1}}$$

$$n' = \frac{n_1 - m_1 - n_3 - 1}{(n_3+1)(m_1+1)}$$

5.1.2.5　恒定应力速率

$\mathrm{d}\sigma/\mathrm{d}t = C$，$C$ 是加载速率，其单位为 $1/s$，其非弹性应变（ε_1）和总应变（ε）如下：

当 $m_1 \neq -1$，$m_3 \neq 1$ 时：

$$\varepsilon_1 = \left[\frac{a_1(m_1+1)}{C(n+1)} \right]^{\frac{1}{m_1+1}} \sigma^{\frac{n+1}{m_1+1}} \tag{5.19}$$

$$\varepsilon = \left[\frac{a_1(m_1+1)}{C(n_1+1)} \right]^{\frac{1}{m_1+1}} \sigma^{\frac{n_1+1}{m_1+1}} + \left[\frac{a_3(1-m_3)}{C(n_3+1)} \sigma^{n_3+1} + \lambda_0^{1-m_3} \right]^{\frac{1}{1-m_3}} \sigma \tag{5.20}$$

当 $m_1 \neq -1$，$m_3 = 1$ 时：

$$\varepsilon_1 = \left[\frac{a_1(m_1+1)}{C(n+1)} \right]^{\frac{1}{m_1+1}} \sigma^{\frac{n+1}{m_1+1}} \tag{5.21}$$

$$\varepsilon = \left[\frac{a_1(m_1+1)}{C(n_1+1)} \right]^{\frac{1}{m_1+1}} \sigma^{\frac{n_1+1}{m_1+1}} + \exp \left[\frac{a_3 \sigma^{n_3+1}}{C(n_3+1)} + \ln\lambda_0 \right] \sigma \tag{5.22}$$

当 $m_1 = -1$，$m_3 \neq 1$ 时，非弹性应变为 0，总应变如下：

$$\varepsilon = \left[\frac{a_3(1-m_3)}{C(n_3+1)} \sigma^{n_3+1} + \lambda_0^{1-m_3} \right]^{\frac{1}{1-m_3}} \sigma \tag{5.23}$$

当 $m_1 = -1$，$m_3 = 1$ 时，非弹性应变为 0，总应变如下：

$$\varepsilon = \exp \left[\frac{a_3 \sigma^{n_3+1}}{C(n_3+1)} + \ln\lambda_0 \right] \sigma \tag{5.24}$$

式（5.6）中右边第一项 $a_1\lambda^{-m_1}$ 的值很小，假设为 0，故可直接进行积分求解，如式（5.25）：

$$(n_3+1) \int_{\lambda_0}^{\lambda} \frac{\mathrm{d}\lambda}{f(\lambda)} = \left[\frac{\sigma}{(\mathrm{d}\sigma/\mathrm{d}t)^{1/(n_3+1)}} \right]^{n_3+1} \tag{5.25}$$

初值 $t \in [0, t]$，$\lambda \in [\lambda_0, \lambda]$，$\varepsilon^* = \lambda\sigma^*$，$\varepsilon^*$ 和 σ^* 表示归一化的应变和应力。

$$\sigma^* = \frac{\sigma}{(\mathrm{d}\sigma/\mathrm{d}t)^{1/(n_3+1)}} \tag{5.26}$$

可得到:

$$\Delta\varepsilon^* = \alpha\Delta\sigma^* \tag{5.27}$$

假设:

$$\varepsilon^* = \frac{\varepsilon}{(d\sigma/dt)^{1/(n_3+1)}} \tag{5.28}$$

从而得到:

$$\varepsilon^* = \lambda(\sigma^*)\sigma^* \tag{5.29}$$

恒定应变速率下同样可得到式（5.29）的结果，即可变模量 $\lambda(\sigma^*)$ 仅仅和应力水平 σ^* 有关，而总应变也仅仅和应力水平 σ^* 有关。

对非弹性应变 ε_1 求解方法同上，即在恒定应力速率下，$t \in [0, t]$，$\varepsilon_1 \in [0, \varepsilon_1]$ 时可得到:

$$(n_1 + 1)\int_0^{\varepsilon_1} \frac{d\varepsilon_1}{f(\varepsilon_1)} = \left[\frac{\sigma}{(d\sigma/dt)^{1/(n_1+1)}}\right]^{n_1+1} \tag{5.30}$$

同理，可得到:

$$\varepsilon_1^* = \varepsilon_1^*(\sigma^*) \tag{5.31}$$

式中，$\sigma^* = \dfrac{\sigma}{(d\sigma/dt)^{1/(n_3+1)}}$，$\varepsilon_1^* = \dfrac{\varepsilon_1}{(d\sigma/dt)^{1/(n_3+1)}}$。

式（5.31）表明，非弹性应变 ε_1 仅仅与应力水平 σ^* 有关，与荷载速率 C 等无关，即非弹性应变 ε_1 没有荷载速率依存性，此结果与第 3 章中的试验结果一致。当速率变为高速率时，弹性应变增大，而非弹性应变不发生改变，即杨氏模量的荷载速率效应主要由弹性应变引起。

5.2 可变模量本构方程参数求解

5.2.1 参数功能

a_1 是控制 ε_1 变化速度的常数，其值越大变形速率越大；n_1 是荷载速率依存性常数；m_1 是表示随变形增加，变形困难程度的系数；n_3 同 n_1 一样，是荷载速率依存性常数，值越大，非线性越高；m_3 是表示破坏急剧变化常数（形状参数），其值很大时，应力在强度破坏点后急剧下降；$(n_1 + 1)\displaystyle\int_0^{\varepsilon_1} \frac{d\varepsilon_1}{f(\varepsilon_1)} = \left[\dfrac{\sigma}{(d\sigma/dt)^{1/(n_1+1)}}\right]^{n_1+1}$ 是决定峰值强度的参数，其功能如图 5.3 所示。

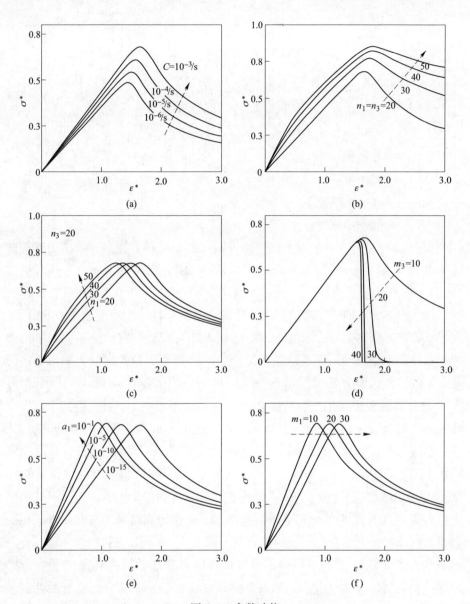

图 5.3 参数功能

（a）加载速率影响；（b）$n_1 = n_3$影响；（c）n_3影响；（d）m_3影响；（e）a_1影响；（f）m_1影响

5.2.2 参数求解方法

5.2.2.1 参数 n_3 求法

由式（5.9）推导得到式（5.32）和式（5.33）：

$$\sigma \approx A C^{\frac{1}{n_3+1}} \tag{5.32}$$

式中，$A = \left[\dfrac{n_3+1}{a_3 \ (m_3-1) \ \lambda_0^{m_3-1}} \right]^{\frac{1}{n_3+1}}$。

$$\frac{\sigma_2}{\sigma_1} = \left(\frac{C_2}{C_1} \right)^{\frac{1}{n_3+1}} \tag{5.33}$$

式中　C_2——高速率；

　　　C_1——低速率；

　　　σ_2——高速率强度；

　　　σ_1——低速率强度。

参数 n_3 可由恒定荷载速率试验通过式（5.25）计算得到；或由交替荷载速率试验分别得到高低速率下（C_2、C_1）的峰值强度（σ_2、σ_1），用式（5.33）得到。

以往很多学者研究了峰值强度的荷载速率依存性，用应变速率 C_1 和 C_2 进行了试验，又分别把峰值强度 σ_{p1} 和 σ_{p2} 代入式（5.33）并求得 n_3 值。不同类型岩石的强度是不同的，所以一般是同一应变速率下做 5 次以上的试验。但是，通过这种试验方法只能求得峰值强度的应力依存性 n_3 值。HASHIBA 等人[32]在试验过程中，用交替荷载速率 C_1 和 C_2，通过一个试件就得到了两个应变速率下的全应力-应变曲线。如图 5.4 曲线 1 所示。峰值强度以后的应力-应变曲线斜率较小时，读取同一变形的应力，记为 σ_{p1} 和 σ_{p2}，若用式（5.33）表示，则是 $\sigma_{p1}=\sigma_1$，$\sigma_{p2}=\sigma_2$，代入式（5.33），求得峰值强度以后领域的 n_3 值。HASHIBA 等人[96]做了进一步研究，如图 5.4 曲线 2 所示，探讨了峰值强度以后的应力-应变曲线急剧下降时的情况。根据研究结果，与卸载直线相同斜率的直线相交于两点，把这两点的应力记为 σ_{p1} 和 σ_{p2}，则有 $\sigma_{p1}=\sigma_1$，$\sigma_{p2}=\sigma_2$，代入式（5.33），可求得峰值强度以后应力急剧下降领域的 n_3 值。总结以往一系列的研究成果[32,96]，本书全面研究的 n_3 值都是从峰值强度的荷载速率依存性这一方面求应力依存性常数 n_3，这说明决定时间依存性的基本原理很可能是相同的。在此之前无法求 n_3 是因为峰值强度以前基本上是应力水平 50% 以下的领域，这个领域中，荷载速率不同时，应力-应变曲线的差异很小，所以求 n_3 是很困难的。峰值强度以后，如图 5.4 曲线 3 所示，是应力急剧下降的情况，这种情况下，本来就无法进行交替荷载速率的试验。本书对应力应变曲线峰前、峰值和峰后区域的荷载速率依存性常数 n_3 做如下全面阐述。

（1）峰值处荷载速率依存性常数[31]。σ_2 表示高速率的破坏强度；σ_1 表

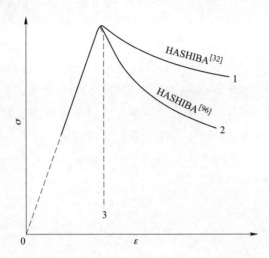

图 5.4 荷载速率依存性应力-应变曲线概略图

（实线表示 n 已知区域，虚线表示 n 未知区域）

示低速率的破坏强度，通过式（5.33）计算峰值点的强度荷载速率依存性系数 n_3。

（2）峰前区域荷载速率依存性常数。本书提出了峰前区域荷载速率依存性常数的三种求法，如图 5.5 所示，A 点为高速率峰前曲线上的任一点。

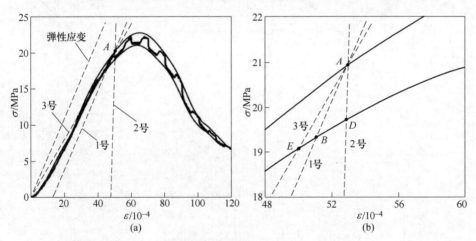

图 5.5 峰前区域三种荷载依存性 n_3 常数求法

（a）概略图；（b）放大图

第一种方法（1 号）：过 A 点做平行于弹性应变的直线，与低速率应力-应变曲线相交于 B 点，σ_A 表示 A 点的应力，σ_B 表示 B 点的应力，C_2 表示快加载速率，C_1 表示慢加载速率，根据式（5.33）转换得到式（5.34）：

$$\frac{\sigma_A}{\sigma_B} = \left(\frac{C_2}{C_1}\right)^{\frac{1}{n_3+1}} \qquad (5.34)$$

在图 5.2 中非线性 Maxwell 模型中阻尼器的变形相等，并且弹簧的弹簧系数相等的情况下，因为卸载直线的斜率在达到峰值强度以前无变化，所以峰值强度以前弹簧的弹性系数相等这一条件是满足的。因此，通过阻尼器的变形求出相同两点（A 点和 B 点）是可行的。由图 5.6 可知，A 点和 B 点阻尼器的变形相等，如下定义 K_1 和 K_2。

$$\sigma_A / \sigma_D = K_1 \qquad (5.35)$$

$$K_{BA} / K_{BD} = K_2 \qquad (5.36)$$

式中 σ_A——A 点处的应力；

      σ_D——D 点处的应力；

      K_{BA}——直线 BA 的斜率（弹性应变直线斜率）；

      K_{BD}——直线 BD 的斜率。

可求解如下：

$$\sigma_A / \sigma_B = K_1(1 - K_2)/(K_1 - K_2) \qquad (5.37)$$

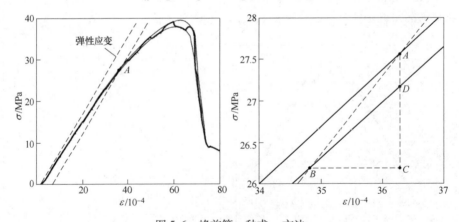

图 5.6 峰前第一种求 n_3 方法

联立式（5.33）和式（5.37），推导如下：

$$\sigma_A / \sigma_B = K_1(1 - K_2)/(K_1 - K_2) = (C_2/C_1)^{\frac{1}{n_1+1}} \qquad (5.38)$$

式（5.38）可用来最终精确求解 n_3 值。

第二种方法（2 号）：过 A 点做垂直于横轴与低速率应力应变曲线相交于 D 点，σ_2 表示 A 点的应力，σ_1 表示 D 点的应力，C_2 表示快加载速率，C_1 表示慢加载速率,求解过程和第一种方法类似,可通过式(5.31)来求解荷载速率依存系数 n_3 值。

第三种方法(3号):过 A 点和原点的直线与低速率应力应变曲线相交于 E 点,σ_2 表示 A 点的应力,σ_1 表示 E 点的应力,C_2 表示快加载速率,C_1 表示慢加载速率,求解过程和第一种方法类似,可通过式(5.38)来求解荷载速率依存系数 n_3 值。

三种方法中,第二种方法求解的 n_3 值最大,第三种方法求解的 n_3 值最小。且峰前随着 A 点应力水平的降低,三种方法求解的 n_3 值都将变大,从而表示荷载速率依存性越不明显。

(3)峰后区域荷载速率依存性常数。峰后区域荷载速率依存性,Ⅰ类岩石由于应变软化,可通过图 5.5 中的三种方法来求解,对于Ⅱ类岩石,由于峰后应力急剧下降,并且出现斜率为正的曲线,同时在残余强度应力-应变曲线又趋于稳定,求解 n_3 值是个难题。通过峰前相类似的三种方法,峰后区域 n_3 的求法如图 5.7 所示。

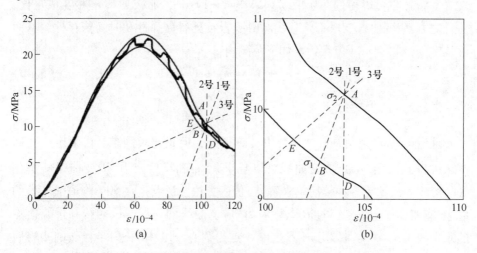

图 5.7 峰后区域 n_3 求法

(a)交替荷载速率;(b)放大图

5.2.2.2 参数 n_1

基于 Maxwell 模型的可变模量本构方程中,之前由于未能找到适合求解参数 n_1 的方法,故 n_1 假设等于 n_3。本书一个重要的创新点是通过杨氏模量的荷载速率依存性求解参数 n_1 的值,即通过式(5.18)来获得。

5.2.2.3 参数 m_1

由式（5.7）可知蠕变应变随着时间的 $1/(m_1+1)$ 幂次次方而增加，从而 m_1 可由蠕变试验求得。

在短时间内加载到蠕变应力时，本构模型中阻尼器变形很小，较大的应变速度开始下降。与此相对，缓慢加载到蠕变应力时，蠕变试验开始时刻阻尼器已经明显变形，受此影响，表示蠕变应变随时间变化的量 $1/(m_1+1)$ 表面上有可能变大。在低应力水平下，蠕变试验中，ε_3 是个很小的值，因此可忽略。由式（5.7）可知蠕变应变随着时间的 $1/(m_1+1)$ 幂次方而增加，从而 m_1 可由蠕变试验求得。根据 S. Okubo[48] 所述，蠕变应变可以预测，即与时间的 $n_1/(m_1+1)$ 成正比，并且大多数岩石其范围如下：

$$1 < n_1/(m_1 + 1) < 3 \tag{5.39}$$

如果是低荷载条件下，假设模量 λ 维持在初始值 λ_0，则从式（5.20）和式（5.22）中可以得到，如果 $(n_1+1)/(m_1+1)=1$，那么 ε 和 σ 相互成正比，并且应力-应变曲线变成一条直线。由于岩石具有黏弹性和时间依存性，从而可认为 $(n_1+1)/(m_1+1)$ 大约在如下范围内：

$$0.7 \leqslant (n_1 + 1)/(m_1 + 1) \leqslant 1.3 \tag{5.40}$$

5.2.2.4 参数 m_3

理论上，m_3 也可从其他试验中计算得到，但是比较困难。由恒定应变速率试验得到的全应力-应变曲线可以看出，m_3 和峰后应力-应变曲线斜率相关。图 5.8 所示为一种较简单求解 m_3 值的方法。B 点是在 50%峰值强度处的应力-应变曲线上的点，过 B 点做应力-应变曲线的切线，该切线和过峰值点的水平线（$\sigma=\sigma_c$）相交于 A 点。以 A 点为圆心，以 AB 长为半径做圆和峰后应力-应变曲线相交于 C 点。θ 是 AB 切线与 X 轴的夹角，α' 是直线 AC 和水平线（$\sigma=\sigma_c$）的夹角，设存在 α 角，其值如式（5.41）所示。

$$\alpha = \arctan(\tan\alpha'/\tan\theta) \tag{5.41}$$

当 $\theta=45°$ 时，$\alpha=\alpha'$。α 和 m/n 关系如图 5.8（b）所示，从而可通过恒定应变速率试验曲线形状求解得到 m_3 值。

5.2.2.5 参数 a_3

a_3 决定峰值强度，在数值计算中，这个值取 1。

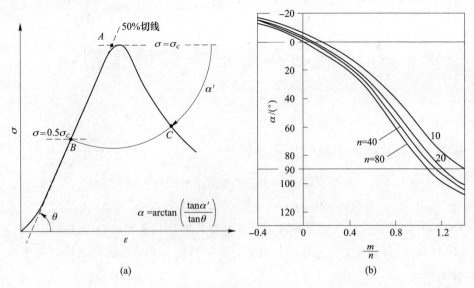

图 5.8　参数 m_3 的求法

5.2.2.6　参数 a_1

a_1 决定 Maxwell 模型中阻尼器的变形速度，其值越大，变形速度越大。可通过蠕变试验，由式（5.7）求解参数 a_1。

6 岩石荷载速率数值模拟

❮❮❮

6.1 岩石荷载速率数值计算参数

本书选择第 5 章中非线性 Spring 可变模量本构方程（图 5.1、式（5.1）~式（5.2））和非线性 Maxwell 可变模量本构方程（图 5.2、式（5.3）~式（5.6））对 I 类岩石（田下凝灰岩、荻野凝灰岩）和 II 类岩石（江持安山岩、井口砂岩）荷载速率依存性进行数值计算。按照 5.2.2 节所述具体计算参数如下。

田下凝灰岩、荻野凝灰岩、江持安山岩和井口砂岩 4 种岩石数值计算具体参数值如下：

n_3：根据 4 种岩石交替荷载速率强度值，用式（5.33）计算得到 4 种岩石，其值分别为 45（46）、43、42 和 35；

n_1：基于杨氏模量荷载速率依存性试验，用式（5.18）综合考虑 4 种岩石，其值分别为 45（46）、30、60 和 40；

m_1：由式（5.39）和式（5.40），再结合试验曲线得到 4 种岩石，其值分别为 68（20）、35、68、50；

m_3：由图 5.8 及峰后曲线斜率，得到 4 种岩石，其值分别为 30（40）、23、39、33；

a_1：由图 5.3（e）知，其值越大，变形速率越大，破坏应变也越大，由试差法可知 4 种岩石其值分别为 10^{-1}（10^{-4}）、10^{-3}、10^{-1}、10^{-5}；

a_3：为了方便，在数值计算中其值取 1，具体见表 6.1。

表 6.1 四种岩石数值计算参数值

参数	田下凝灰岩		荻野凝灰岩	江持安山岩	井口砂岩
	压缩	拉伸	压缩	压缩	压缩
a_1	10^{-1}	10^{-4}	10^{-3}	10^{-1}	10^{-5}
a_3	1	1	1	1	1
m_1	68	20	35	68	50
m_3	30	40	23	39	33

参数	田下凝灰岩		荻野凝灰岩	江持安山岩	井口砂岩
	压缩	拉伸	压缩	压缩	压缩
n_1	60	46	30	60	40
n_3	45	46	43	42	35

6.2 岩石杨氏模量荷载速率数值计算

6.2.1 杨氏模量与荷载速率

由杨氏模量荷载速率关系式（5.18）可知，E 与加载速率 C、λ_0、参数 a_1、a_3、m_1、m_3、n_1、n_3 有关，亦即与加载速率 C、λ_0、n' 和 A' 有关。在不同荷载速率下，当 $n' = -0.2$、-0.1、-0.05、-0.025、-0.012、-0.00625，$A' = 0.2$、0.3、0.4、0.5、0.6、0.8 时，杨氏模量与荷载速率关系如图6.1所示，横轴为荷载速率的对数，纵轴为归一化的杨氏模量。

图6.1（a）、（b）表示 $A'/\lambda_0 = -0.2$、0.8 时，随着加载速率的增大，杨氏模量逐渐增大，当加载速率小于1时，n' 值越大，杨氏模量值越小，杨氏模量增加速率越大；当加载速率大于1时，n' 值越大，杨氏模量值越大，杨氏模量增加速率也越大；当 A'/λ_0 值越大，同速率下杨氏模量值越小。

图6.1（c）、（d）表示 $n' = -0.2$、-0.00625 时，随着加载速率的增大，杨氏模量逐渐增大，当 A'/λ_0 值增大时，同速率下的杨氏模量值减小；当 n' 值越大，杨氏模量增加速率越大，当 n' 值越小，杨氏模量增加速率越小。

图6.1（e）、（f）表示 n' 和 A'/λ_0 同时变化，随着加载速率的增大，杨氏模量逐渐增大，当 n' 值越大时，杨氏模量增加速率也越大。

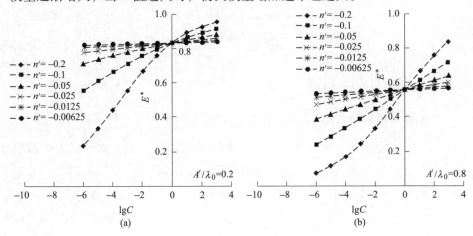

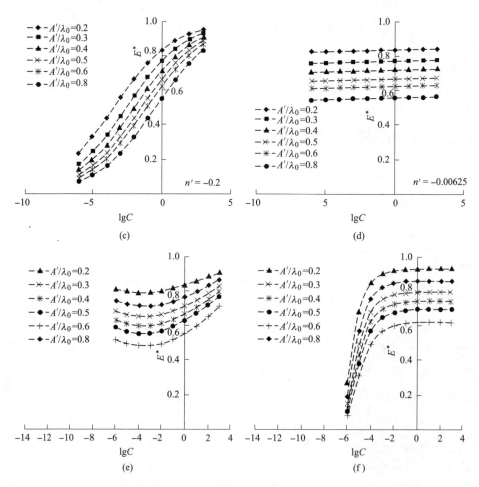

图 6.1 杨氏模量与荷载速率关系

（a）$A'/\lambda_0 = 0.2$；（b）$A'/\lambda_0 = 0.8$；（c）$n' = -0.2$；（d）$n' = -0.00625$；（e）$n' = -0.01$、0.02、0.03、0.04、0.05、0.06、0.07、0.08、0.09、0.1；（f）$n' = -0.2$、0.1、0.05、0.025、0.0125、0.00625、0.00313、0.00156、0.00078、0.00039

6.2.2 杨氏模量数值计算

在选取参数 n_1 时，对 4 种岩石分别进行讨论：

（1）田下凝灰岩。当 $n_1 = 10$、20、30、40、50、60 时，50%应力处荷载速率和杨氏模量（归一化）的计算结果如图 6.2 所示。

图 6.2（a）中，对 4 个加载速率 $1 \times 10^{-3}/\mathrm{s}$、$1 \times 10^{-4}/\mathrm{s}$、$1 \times 10^{-5}/\mathrm{s}$、$1 \times 10^{-6}/\mathrm{s}$ 取对数，6 个不同的 $n_1 = 10$、20、30、40、50、60 参数下，计算杨氏模

量值。可以看出，随着加载速率的增大，杨氏模量也增大，并且呈线性增长趋势。当 n_1 增大时，同一速率条件下杨氏模量整体变小，不同速率下杨氏模量的增加率也变小。

图 6.2（b）中虚线表示的是随着加载速率增加，杨氏模量增加率逐渐减小，当 $n_1 = 20$ 时，杨氏模量增加率最大；当 $n_1 = 60$ 时，杨氏模量增加率最小。图中实线表示的是试验数据，即在 $n_1 = 60$ 时，杨氏模量增加率计算值和试验值基本一致，从而田下凝灰岩数值计算中参数 n_1 值选 60。对杨氏模量试验值进行归一化处理如下：

$$E_{\text{Normalized-Measured}} = \frac{E_{\text{Measured}}}{E_{\text{Measured}(10^{-6}/\text{s})}/E_{\text{Calculated}(10^{-6}/\text{s})}} \tag{6.1}$$

式中　$E_{\text{Normalized-Measured}}$——归一化的试验值；

　　　　E_{Measured}——试验值；

　　　　$E_{\text{Calculated}(10^{-6}/\text{s})}$——$10^{-6}/\text{s}$ 速率下的试验和计算值。

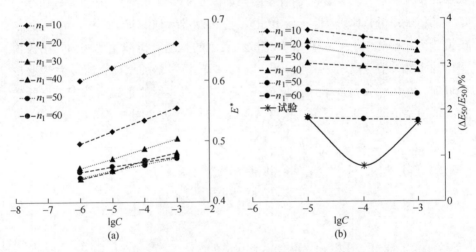

图 6.2　不同 n_1 值下杨氏模量计算和试验结果（田下凝灰岩）

（a）计算结果；（b）计算和试验结果

图 6.3（a）中，30%、50% 和 70% 应力处的杨氏模量计算值和试验值整体一致性较好，70% 应力处杨氏模量计算值和试验值一致性最好，说明本构模型和参数的选取比较合理。图 6.3（b）所示为 30%、50% 和 70% 应力处杨氏模量增加率计算值和试验值的对比，计算值比较稳定，都随着荷载速率的增大而减小，试验得到的杨氏模量的增加率浮动较大，随着荷载速率的增大，其增加率先减小后增大，但整体都在计算值附件，整体一致性较好。

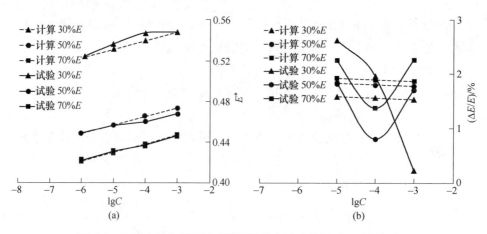

图 6.3 不同应力水平下杨氏模量计算和试验结果（田下凝灰岩）

（a）试验和计算；（b）杨氏模量增加率

（2）荻野凝灰岩。当 $n_1 = 10$、20、30、40、50、60 时，50%应力处荷载速率和杨氏模量（归一化）的计算结果如图 6.4（a）所示。随着加载速率的增大，杨氏模量整体增大。$n_1 = 10$ 时，杨氏模量增加率最大；$n_1 = 60$ 时，杨氏模量增加率最小。图 6.4（b）中虚线表示的是随着荷载速率增加，杨氏模量增加率计算值逐渐减小，当 $n_1 = 20$ 时，杨氏模量增加率计算值最大；当 $n_1 = 60$ 时，杨氏模量增加率计算值最小。图中实线表示的是试验数据，试验数据在低速率下和高速率下杨氏模量试验数据归一化方法同式（6.1）相同。

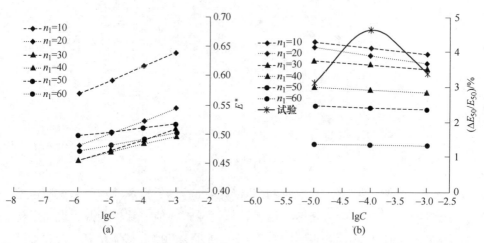

图 6.4 不同 n_1 值下杨氏模量计算和试验结果（荻野凝灰岩）

（a）计算结果；（b）计算和试验结果

图 6.5（a）中，30%、50% 和 70% 应力处的杨氏模量计算值和试验值整体
一致性较好，70% 应力处杨氏模量计算值和试验值一致性最好，30% 应力处杨氏
模量计算值和试验值一致性稍微较差。图 6.5（b）所示为 30%、50% 和 70% 应
力处杨氏模量增加率计算值和试验值的对比，计算值比较稳定，都随着荷载速
率的增大而减小，试验得到的杨氏模量的增加率浮动较大，随着荷载速率的增
大，其增加率先减小后增大，30% 应力处的浮动最大，但整体都在计算值附近，
整体一致性也较好，说明选取参数 $n_1 = 30$ 是比较合理的。增加率比较稳定，但
在中间速率下杨氏模量增加率浮动较大，与计算数据比较后，获野凝灰岩数值
计算中参数 n_1 值选 30 比较合适，其他计算参数见表 6.1。

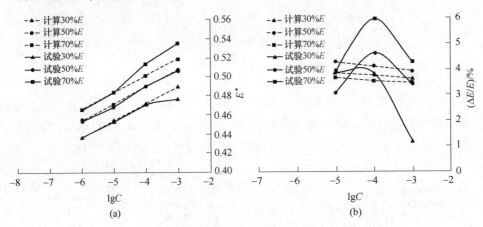

图 6.5 不同 n_1 值下杨氏模量计算和试验结果（获野凝灰岩）

（a）计算结果；（b）计算和试验结果

（3）江持安山岩。当 $n_1 = 10$、20、30、40、50、60 时，50% 应力处荷载
速率和杨氏模量（归一化）的计算结果如图 6.6（a）所示。随着加载速率的
增大，杨氏模量整体增大。$n_1 = 10$ 时，杨氏模量增加率最大；$n_1 = 60$ 时，杨
氏模量增加率最小。图 6.6（b）中虚线表示的是计算值，随着荷载速率增
加，杨氏模量增加率减小，但减小的速率比较小，6 个 n_1 值条件下的杨氏模
量值差距不像田下凝灰岩和获野凝灰岩大。图中实线表示的是试验数据，随
着荷载速率的增加，试验数据先减小后增大，$10^{-3}/s$ 下杨氏模量突然增大。
与计算数据综合比较后，江持安山岩数值计算中参数 n_1 值选 60 比较合适，其
他计算参数见表 6.1。试验数据归一化方法同式（6.1）相同。

图 6.7（a）中，30%、50% 和 70% 应力处的杨氏模量试验值整体一致性
较好，增加速率先减小后增大，高速率下增幅较大。图 6.7（b）所示为

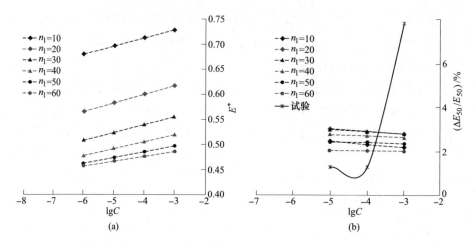

图 6.6 不同 n_1 值下杨氏模量计算和试验结果（江持安山岩）

（a）计算结果；（b）计算和试验结果

30%、50% 和 70% 应力处杨氏模量增加率计算值和试验值的对比，3 个应力水平下的计算值几乎一致。随着荷载速率的增大，计算得到的杨氏模量增加率几乎未变。试验得到的杨氏模量的增加率浮动较大，先减小后增大。

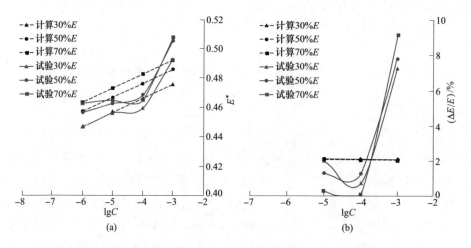

图 6.7 不同应力水平下杨氏模量计算和试验结果（江持安山岩）

（a）计算结果；（b）计算和试验结果

（4）井口砂岩。当 $n_1 = 10$、20、30、40、50、60 时，50% 应力处荷载速率和杨氏模量（归一化）的计算结果如图 6.8（a）所示。随着加载速率的增大，杨氏模量整体增大。$n_1 = 10$ 时，杨氏模量增加率最大；$n_1 = 60$ 时，杨氏模量增加率最小。图 6.8（b）中虚线表示的是计算值，随着荷载速率增加，杨氏模量增加率减小。在 $n_1 = 10$ 时，减小速率最大；在 $n_1 = 60$ 时，减小速率最小。图中实线表示的是试验数据，随着荷载速率的增加，试验数据先增大后减小。$1 \times 10^{-3}/s$ 下杨氏模量突然变小。与计算数据综合比较后，井口砂岩数值计算中参数 n_1 值选 40 比较合适，其他计算参数见表 6.1。试验数据归一化方法同式（6.1）相同。

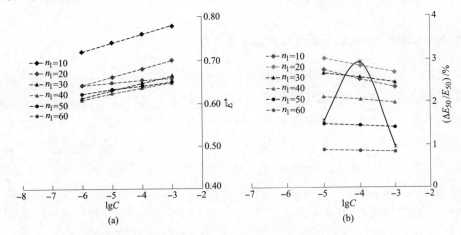

图 6.8　不同 n_1 值下杨氏模量计算和试验结果（井口砂岩）

（a）计算结果；（b）计算和试验结果

图 6.9（a）中，30%、50% 和 70% 应力处的杨氏模量试验值整体一致性

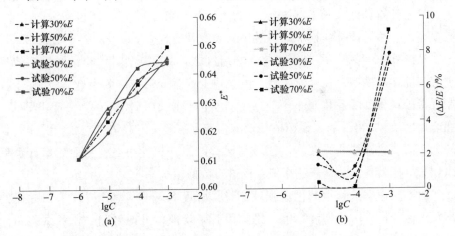

图 6.9　不同应力水平下杨氏模量计算和试验结果（井口砂岩）

（a）计算结果；（b）计算和试验结果

较好，高速率和低速率下计算值和试验值一致性较好。图6.9（b）所示为30%、50%和70%应力处杨氏模量增加率计算值和试验值的对比，3个应力水平下的计算值几乎一致。随着荷载速率的增大，计算得到的杨氏模量增加率几乎未变。试验得到的杨氏模量的增加率浮动较大，先减小后增大，高速率下增幅最大。

6.3 岩石强度荷载速率数值计算

6.3.1 单轴压缩荷载下强度荷载速率依存性

结合杨氏模量的荷载速率依存性，对 n_1 的选取，在5.2.2节做了较为全面的讨论，在和试验数据对比分析后得到 n_1 的值是比较合理的，4种岩石全部计算参数见表6.1，其中选用了基于Spring的可变模量本构方程（1号）和基于Maxwell模型的可变模量本构方程（2号），对全应力-应变曲线进行数值模拟，1号模型中的参数值（a、m、n）和2号模型中参数（a_3、m_3、n_3）值相同。选取了 $C=1\times10^{-5}/s$ 速率下的全应力应变试验曲线，并进行了数值计算分析，结果如图6.10所示。在数值计算中，考虑了杨氏模量的荷载速率依存性，在峰前区域尽可能地让计算值和试验值一致，从结果可以看出，田下凝灰岩、荻野凝灰岩和江持安山岩峰前区域计算值和试验值一致性很好，砂岩由于试件端面平整度不好、端部效应的问题在原始点附近产生向下凹现象，从而计算曲线从直线部分开始模拟。峰后曲线的模拟是一个难点，m_3 值越大，峰后计算曲线下降越剧烈，表明是脆性破坏，破坏裂缝多和纵向垂直；其值越小，峰后计算曲线下降越缓慢，表明是出现应变软化，是延性破坏。

从图6.10可知，峰前、峰值和峰后区域，2号模型对试验结果模拟效果更好，而1号模型，在峰前区域，由于缺少控制变形速率的参数 a_1 和缺少控制变形困难程度的系数 m_1，从而1号计算曲线比2号计算曲线上凹程度明显。在峰后区域，1号计算曲线整体呈现应变速率缓慢下降趋势，与试验曲线差异较大。而2号计算曲线在峰后区域与试验结果一致性很高，从而后面计算都采用2号模型对强度荷载速率依存性进行数值模拟。

对不同速率试验下的试验强度和计算强度（2号模型）进行了归一化处理及对比分析，试验和计算值分别除以其平均值，可得到归一化的试验和计算强度：

$$\sigma_{mea}^{*} = \sigma_{c-mea}/\sigma_{aver-mea} \tag{6.2}$$

$$\sigma_{cal}^{*} = \sigma_{c-cal}/\sigma_{aver-cal} \tag{6.3}$$

式中　σ_{mea}^{*}，σ_{cal}^{*}——试验和计算的归一化强度；

　　　σ_{c-mea}，σ_{c-cal}——试验和计算的强度；

　　$\sigma_{aver-mea}$，$\sigma_{aver-cal}$——试验和计算的平均强度。

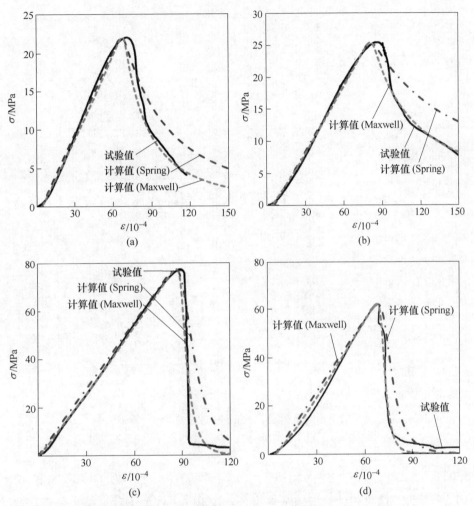

图 6.10　四种岩石全应力-应变曲线数值计算

（a）田下凝灰岩；（b）荻野凝灰岩；（c）江持安山岩；（d）井口砂岩

其中，强度的计算值来自于式（5.9）。

由图 6.11 可知，Ⅰ类岩石（田下凝灰岩、荻野凝灰岩）和Ⅰ类岩石（江持安山岩和Ⅰ井口砂岩）4 种岩石随着荷载速率的增大，计算曲线几乎成一条直线，即计算曲线的荷载速率依存性体现为线性，而试验曲线则具有非线性。速率增大 10 倍时，计算强度增加率分别为 5.26%（6.10%）、5.27%（5.75%）、

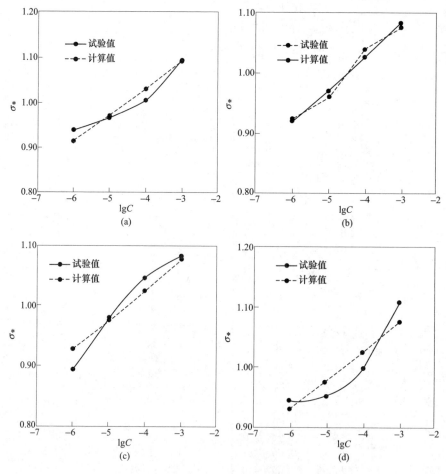

图 6.11　不同荷载速率下归一化试验强度和计算强度

（a）田下凝灰岩；（b）荻野凝灰岩；（c）江持安山岩；（d）井口砂岩

5.65%（5.02%）、6.59%（5.13%）。田下凝灰岩在速率为 $1×10^{-5}/s$ 和 $1×10^{-3}/s$ 下计算结果和试验结果基本重合，$1×10^{-4}/s$ 速率下计算结果大于试验结果，在 $1×10^{-6}/s$ 速率下，计算结果小于试验结果。荻野凝灰岩在 4 个速率下，计算结果和试验结果几乎重合，计算效果较好。江持安山岩在速率为 $1×10^{-5}/s$ 和 $1×10^{-3}/s$ 时计算结果和试验结果基本重合，在 $1×10^{-4}/s$ 速率下计算结果小于试验结果，在 $1×10^{-6}/s$ 速率下，计算结果大于试验结果。砂岩试验值和计算值差异稍大。4 种岩石的计算值和试验值整体一致性较好，从而验证了模型及参数的优越性，同时得到破坏强度和荷载速率（对数）存在很好的线性规律。

6.3.2　单轴拉伸荷载下强度荷载速率依存性

用基于 Spring 的可变模量本构方程（1 号）和基于 Maxwell 模型的可变模量本构方程（2 号）模拟加载速率为 $C=1×10^{-5}/\text{s}$、$1×10^{-6}/\text{s}$ 和 $1×10^{-7}/\text{s}$ 的单轴拉伸条件下的全应力–应变曲线，1 号模型中的参数值（a、m、n）和 2 号模型中参数（a_3、m_3、n_3）值相同。计算参数见表 6.1，计算与试验曲线对比如图 6.12 所示。2 号模型进行计算时，峰前区域试验和计算曲线一致性很

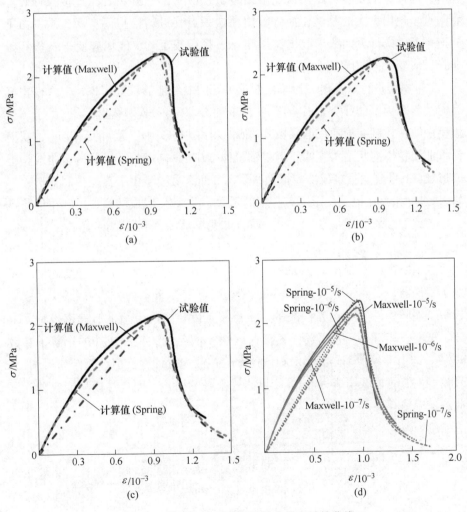

图 6.12　不同加载速率下拉伸曲线和计算曲线

（a）$C=1×10^{-5}/\text{s}$；（b）$C=1×10^{-6}/\text{s}$；（c）$C=1×10^{-7}/\text{s}$；（d）计算值对比曲线

好，在峰前 50% 峰值应力以前，计算值基本与试验曲线完全重合；在峰前 50% 峰值应力到峰值应力点之间，相同应变条件下计算的应力值略低于试验值，这一区域内试验曲线均匀弯曲，整体呈弧形，而计算曲线则比较直，但差别不大；应力峰值点附近，计算的峰前斜率、峰后斜率绝对值略大于试验值，说明试验过程中试件是均匀破坏的，而计算结果对这种均匀破坏过程的模拟并不够完善；试验值与计算值的破坏点几乎完全重合，说明对强度和变形的关系模拟的比较准确；峰后计算值几乎与试验值完全重合，仅在应力相同时，计算的应变略小于试验值。但是，在峰值点附近，试验曲线相对更为光滑，而计算值在峰值点出现明显的转折，说明田下凝灰岩在直接拉伸破坏点附近呈现出更大的黏性，而计算值在这一点附近的模拟还有所欠缺。由不同速率条件的计算曲线求取抗拉强度 σ_t、杨氏模量 E、破坏应变 ε_t 及破坏时非弹性应变 ε_{1t} 等力学参数。

1 号模型进行计算时，对峰后斜率为正的曲线能够较好模拟，但对模拟峰后曲线斜率为负的 II 类岩石全应力-应变曲线非常困难。峰前区域，由于 1 号模型中缺少控制变形速率的参数 a_1 和缺少控制变形困难程度的系数 m_1，从而计算曲线在峰前几乎为直线，但单轴拉伸全应力-应变曲线峰前试验曲线呈上凹形状，1 号模型很难成功模拟上凹形态。而 2 号模型由于存在控制变形速率的参数 a_1 和存在控制变形困难程度的系数 m_1，故可以成功模拟单轴拉伸荷载条件下峰前和峰后全应力-应变曲线，尤其在式（5.6）中增加了 $a_1\lambda^{-m_1}$ 项，从而能够成功模拟峰后曲线斜率为负的 II 类岩石全应力-应变曲线。

综上所述，本章在基于 Spring 的可变模量本构方程（1 号）基础上，添加了阻尼器，得到了非线性 Maxwell 模型的可变模量本构方程（2 号），成功求解了不同条件下本构方程的解，获得了强度、杨氏模量荷载速率模型，求解了蠕变破坏寿命，并用杨氏模量荷载速率依存性试验法成功的求解了参数 n_1 值。选用 1 号和 2 号模型对荷载速率依存性进行计算。由计算结果可知，1 号模型不能对岩石全应力-应变峰后曲线很好的模拟，而 2 号模型能成功计算荷载速率依存性。

参 考 文 献

［1］中国土木工程协会.2020年中国土木工程科学和技术发展研究［C］//2020年中国科学和技术发展研究暨科学家论坛会，北京：2004.

［2］万玲.岩石类材料粘弹塑性损伤本构模型及其应用［D］.重庆：重庆大学，2004.

［3］李广信.岩土工程的经济、安全与可持续发展［J］.岩土工程学报，2004，7（7）：1~7.

［4］许江，刘靖，程立朝，等.压剪荷载条件下砂岩双面剪切细观开裂扩展演化特性试验研究［J］.岩石力学与工程学报，2014，33（4）：649~657.

［5］程立朝.煤岩剪切细观开裂演化及其特征量化研究［D］.重庆：重庆大学，2014.

［6］杨圣奇.岩石流变力学特性的研究及其工程应用［D］.南京：河海大学，2006.

［7］傅强.工程软岩蠕变理论及其支护方法的研究［D］.阜新：辽宁工程技术大学，2010.

［8］Fukui K, Okubo S, Nishimatsu Y. Generalized relaxation behaviour of rock under uniaxial compression［J］.Journal of Mining and Materials Porcessing Institute of Japan. , 1992, 108：543~548.

［9］金丰年.岩石的时间效应［D］.上海：同济大学，1993.

［10］黄锋.长大隧道岩爆灾害的岩石动力学机理及其控制［D］.昆明：昆明理工大学，2007.

［11］马天辉，唐春安，张文东.滞后型岩爆孕育过程的围岩时效变形［J］.实验室研究与探索，2014，33（9）：4~9.

［12］董学晟.水工岩石力学［M］.北京：中国水利水电出版社，2004.

［13］张永兴.岩石力学［M］.北京：中国建筑工业出版社，2004.

［14］葛修润，周伯海.岩石力学室内试验装置的新进展-RMT-64岩石力学试验系统［J］.岩土力学，1994，15（1）：50~56.

［15］邬爱清，周火明，胡建敏，等.高围压岩石三轴流变试验仪研制［J］.长江科学院院报，2006，23（4）：28~31.

［16］孙钧.岩土材料流变及其工程应用［M］.北京：中国建筑工业出版社，1999.

［17］王昌永.流变仪发展现状及其技术关键［J］.试验机与材料试验，1981，6（1）：1~5.

［18］夏才初，王伟，王筱柔.岩石节理剪切-渗流耦合试验系统的研制［J］.岩石力学与工程学报，2008，27（6）：1287~1291.

［19］蒋昱州，张明鸣，李良权.岩石非线性黏弹塑性蠕变模型研究及其参数识别［J］.岩石力学与工程学报，2008，27（4）：832~839.

［20］付小敏，邓荣贵，徐进.MTS数字程控伺服岩石刚性试验机功能开发［J］.成都理工学院学报，2001，28（2）：154~157.

[21] 杨正，杨克修. DMS100-800 大型岩石真三轴自动伺服控制模型试验设备的设计[J]. 岩土力学，1994，15（1）：74~79.

[22] 孙晓明，何满潮，刘成禹，等. 真三轴软岩非线性力学试验系统研制 [J]. 岩石力学与工程学报，2005，24（6）：2870~2874.

[23] 陈晓光. 真三轴材料试验仪 [J]. 仪器仪表应用技术，1986，2：18~21.

[24] 张坤勇，殷宗泽，徐志伟，等. 国内真三轴试验仪的发展及应用 [J]. 岩土工程技术，2003，5：289~293.

[25] Ma L, Daemen J J K. Strain rate dependent strength and stress-strain characteristics of a welded tuff [J]. Bull Engineer and Geology Envirnment, 2006, 10.1007/s10064-005-0038-6.

[26] Yang J H. Effect of displacement loading rate on mechanical properties of sandstone [J]. Electronic Jounral of Geotechnical Engineering, 2015, 20（2）：591~602.

[27] Bazant Z P, Bai Shang-Ping, Ravindra Gettu. Fracture of rock: Effect of loading rate [J]. Engineering Fracture Mechanics, 1993, 45（3）：393~398.

[28] Jeong Hae-Sik, Kang Seong Seung, Obara Yuzo. Infuence of surrounding environments and strain rates on strength of rocks under uniaxial compression [J]. International Journal of the Japanese Committee for Rock Mechanics, 2008：21~24.

[29] Khamrat S, Fuenkajorn K. Effects of loading rate and pore pressure on compressive strength of rocks [C]//The 11th International Conference on Mining, Materials and Petroleum Engineering, 2013：11~13.

[30] Perkins R D, Green S J, Friedman M. Uniaxial stress behavior of porphyritic tonalite at strain rates to 103/s [J]. Int J Rock Mech Min Sci, 1970, 7：527~535.

[31] Hashiba K, Fukui K. Index of loading-rate dependence of rock strength [J]. International Journal of Rock Mechanics and Engineering, 2015, 48：859~865.

[32] Hashiba K, Okubo S, Fukui K. A new testing method for investigating the loading rate dependence of peak and residual rock strength [J]. International Journal of Rock Mechanics & Mining Sciences, 2006, 43：894~904.

[33] 雷鸣，羽柴公博，福井胜则，等. 强度破坏点后岩石应力-应变曲线荷载速率依存性研究 [J]. 岩石力学与工程学报，2010，29（6）：1123~1131.

[34] Lei M, Hashiba K, Okubo S, et al. Loading rate dependence of complete stress-strain curve of various rock types [C]//The 14th World Conference on Earthquake Engineering, 2008：12~17.

[35] Lei Ming, Hashiba Kimihiro, Okubo Seisuke, et al. Loading rate dependence of rock in indirect tension test [C]//The 12th Japan Symposium on Rock Mechanics & 29th Western Japan Symposium on Rock Engineering, 2008：372~417.

[36] Okubo S, Hashiba K, Fukui K. Loading rate dependence of strengths of some Japanese

rocks [J]. International Journal of Rock Mechanics & Mining Sciences, 2013, 58: 180~185.

[37] 齐庆新. 煤的直接单轴拉伸特性的试验研究 [J]. 煤矿开采, 2001, 46 (4): 15~19.

[38] Okubo S, Fukui K, Qi Qingxin. Uniaxial compression and tension tests of anthracite and loading rate dependence of peak strength [J]. International Journal of Coal Geology, 2006, 68: 196~204.

[39] 吴绵拔. 加载速率对岩石抗压和抗拉强度的影响 [J]. 岩土工程学报, 1982, 1 (2): 97~106.

[40] 李永盛. 加载速率对红砂岩力学效应的试验研究 [J]. 同济大学学报(自然科学版), 1995, 23 (3): 265~269.

[41] 苏承东, 李怀珍, 张盛, 等. 应变速率对大理岩力学特性影响的试验研究 [J]. 岩石力学与工程学报, 2013, 32 (5): 943~950.

[42] 孟庆彬, 韩立军, 蒲海, 等. 尺寸效应和应变速率对岩石力学特征影响的试验研究 [J]. 中国矿业大学学报, 2016, 45 (2): 233~243.

[43] 周辉, 杨艳霜, 肖海斌, 等. 硬脆性大理岩单轴抗拉强度特性的加载速率效应研究——试验特征与机制 [J]. 岩石力学与工程学报, 2013, 32 (9): 1868~1875.

[44] 刘俊新, 刘伟, 杨春和, 等. 不同应变速率下泥页岩力学特性试验研究 [J]. 岩土力学, 2014, 35 (11): 3093~3100.

[45] Okubo S, Fukui K, Xu Jiang. Loading rate dependency of Young's modulus of rock [J]. Journal of Mining and Materials Porcessing Institute of Japan, 2001, 117: 29~35.

[46] Fukui K, Okubo S, Iwano K. Loading rate dependency of Sajome andesite and Tage tuff in uniaxial tension [J]. Civil Engineering Proceedings, 2003, 729: 59~71.

[47] 佘成学. 岩石非线性黏弹塑性蠕变模型研究 [J]. 岩石力学与工程学报, 2009, 28 (10): 2006~2011.

[48] Okubo S, Fukui K. An analytical investigation of a variable-compliance-type constitutive equation [J]. Rock Mech Rock Engineering, 2006, 139 (3): 233~253.

[49] Okubo S, Gao Xiujun, Fukui K. Deformation characteristics and a Physical model for porous rocks under air-dried and water-saturated conditon [J]. Journal of Mining and Materials Porcessing Institute of Japan, 2005, 121: 583~589.

[50] Okubo S, Fukui K, Gao Xiujun. Rheological behavior and model for porous rocks under air-dried and water-saturated conditon [J]. Journal of The Open Civil Engineering, 2008, 2: 88~98.

[51] Okubo S, Hashiba K, Fukui K, et al. Uniaxial tension tests and constitutive equation of a coal [J]. Journal of Mining and Materials Porcessing Institute of Japan, 2013, 129: 569~576.

［52］ Hashiba K, Fukui K. Study on constitutive equation and mechanical behaviours of rock in uniaxial tension ［J］. Journal of Mining and Materials Porcessing Institute of Japan, 2014, 130: 146~154.

［53］ Okubo S, Nishimatsu Y. Uniaxial Compression Testing Using a Linear Combination of Stress and Strain as the Control Variable ［J］. International Journal of Rock Mechanics & Mining Sciences, Abstr, 1985, 22 (5): 323~330.

［54］ WAWERSIK W, FAIRHURST C. A study of brittle rock fracture in laboratory compression experiments ［J］. International Journal of Rock Mechanics & Mining Sciences, 1970, 7: 561~575.

［55］ Hudson J A, Brown E T, Fairhurst C. Optimizing the control of rock failure in servo-controlled laboratory tests ［J］. International Journal of Rock Mechanics & Mining Sciences, 1971, 3: 217~224.

［56］ Nichimatsu Y, Okubo S, Yamaguchi T, et al. The effect of strain rate on the failure process of rocks in compression ［J］. International J Min Metall Inst Japan, 1981, 97: 1163~1168.

［57］ Terada M, Yanagitani T, Ehera S. AE rate controlled compression test of rocks ［C］// Pro 3rd Conf on Acoustic Emission Microseismic Activity in Geologic Structures and Materials, 1984: 159~171.

［58］ Sano O, Terada M. Ehara S. A study on the time dependent microfracturing and strength of Oshima granite ［J］. Tectonopysics, 1982, 84: 343~362.

［59］ Pan Peng-Zhi, Feng Xia-Ting, Hudson J A. Numerical simulations of Class I and Class II uniaxial compression curves using an elasto-plastic cellular automaton and a linear combination of stress and strain as the control method ［J］. International Journal of Rock Mechanics & Mining Sciences , 2006, 43: 1109~1117.

［60］ Bieniawski Z, Hawkes I. Suggested methods for determining tensile strength of rock materials ［J］ Article-Unidentified Source, 1978.

［61］ 中华人民共和国行业标准编写组. SL 264—2001 水利水电工程岩石试验规程 ［S］. 北京: 中国水利水电出版社, 2001.

［62］ 中华人民共和国行业标准编写组. GB/T 50266—99 工程岩体试验方法标准 ［S］. 北京: 中国计划出版社, 1999.

［63］ Raphel J M. Tensile strength of concrete ［C］// Proceedings: ACI, 1984.

［64］ 唐辉明, 刘佑荣. 岩体力学 ［M］. 武汉: 中国地质大学出版社, 1999.

［65］ Khanlari G-R, Heidari M, Sepahigero A-A, et al. Quantification of strength anisotropy of metamorphic rocks of the Hamedan province, Iran, as determined from cylindrical punch, point load and Brazilian test ［J］. Engineering Geology, 2014, 169: 80~90.

［66］ 朱万成, 唐春安. 混凝土三点弯曲试件破坏过程的数值计算 ［J］. 力学与实践,

1999, 21: 55.

[67] 朱万成, 冯丹, 周锦添, 等. 圆环试样用于岩石间接拉伸强度测试的数值试验 [J]. 东北大学学报 (自然科学版), 2004, 25: 899~902.

[68] 尤明庆, 陈向雷, 苏承东. 干燥及饱和岩石圆盘和圆环的巴西劈裂强度 [J]. 岩石力学与工程学报, 2011, 30: 464.

[69] 段东, 唐春安, 徐涛, 等. 岩石间接拉伸试验的数值计算 [J]. 金属矿山, 2007: 12~16.

[70] 冷雪峰, 唐春安. 岩石水压致裂过程的数值计算分析 [J]. 东北大学学报 (自然科学版), 2002, 23: 1104~1110.

[71] 余贤斌, 谢强, 李心一, 等. 岩石直接拉伸与压缩变形的循环加载实验与双模量本构模型 [J]. 岩土工程学报, 2005, 27: 988.

[72] 王启智, 戴峰, 贾学明. 对 "平台圆盘劈裂的理论和试验" 一文的回复 [J]. 岩石力学与工程学报, 2004, 23: 175.

[73] 张少华, 缪协兴, 赵海云. 试验方法对岩石抗拉强度测定的影响 [J]. 中国矿业大学学报, 1999, 28: 243.

[74] 叶明亮, 续建科. 岩石抗拉强度试验方法的探讨 [J]. 贵州工业大学学报 (自然科学版), 2001, 30: 19~24.

[75] 陶纪南. 岩石轴向拉伸与劈裂法试验结果的比较分析 [J]. 金属矿山, 1995, 28~31.

[76] 张少华, 缪协兴, 赵海云. 试验方法对岩石抗拉强度测定的影响 [J]. 中国矿业大学学报, 1999, 28: 243.

[77] 窦庆峰, 岳顺, 代高飞. 岩石直接拉伸试验与劈裂试验的对比研究 [J]. 岩土工程学报, 2005, 24: 1150.

[78] 尤明庆, 苏承东. 平台巴西圆盘劈裂和岩石抗拉强度的试验研究 [J]. 岩石力学与工程学报, 2004, 23: 3.

[79] Li H, Li J, Liu B, et al. Direct tension test for rock material under different strain rates at quasi-static loads [J]. Rock mechanics and rock engineering, 2013, 46: 1247.

[80] Jong L, Yang M T, Hsieh H Y. Direct tensile behavior of a transversely isotropic rock [J]. International Journal of Rock Mechanics and Mining Sciences, 1997, 34: 837.

[81] 刘伟新, 史志华, 朱樱, 等. 扫描电镜/能谱分析在油气勘探开发中的应用 [J]. 石油实验地质, 2001, 23 (3): 341~343.

[82] 王坤阳, 杜谷, 杨玉杰, 等. 应用扫描电镜与 X 射线能谱仪研究黔北黑色页岩储层孔隙及矿物特征 [J]. 岩矿测试, 2014, 33 (5): 634~639.

[83] Okubo S, Nishimatsu Y, He C. Loading rate dependence of class Ⅱ rock behaviour in uni-axial and triaxial compression tests-an application of a proposed new control method [J]. Int J Rock Mech Min Sci Geomech Abstr, 1990, 27: 559.

[84] Graham J, Crooks J H A, Bell A L. Time effects on the stress-strain behaviour of natural soft clays [J]. Ge'otechnique, 1983, 33: 327.

[85] Tatsuoka F, Ishihara M, Benedetto H D, et al. Time-dependent shear deformation characteristics of geomaterials and their simulation [J]. Soils and Foundations, 2002, 42: 103.

[86] Mokhnachev M P, Gromova N V. Lows of variation of tensile strength indices and deformation properties of rocks with rate and duration of loading [J]. Sov Min Sci, 1970, 6: 609~612.

[87] Mellor M, Hawkes I. Measurement of tensile strength by diametral compression of discs and annuli [J]. Eng Geol, 1971, 5: 173~225.

[88] Okubo S, Nishimatsu Y, He C. Loading rate dependence of class Ⅱ rock behaviour in uniaxial and triaxial compression tests-an application of a proposed new control method [J]. Int J Rock Mech Min Sci Geomech Abstr, 1990, 27: 559.

[89] Peng S S. Time-Dependent Aspects of Rock Behaviour as Measured by a Servo-controlled Hydraulic Testing Machine [J]. Int J Rock Mech Min Sci & Geomech Abstr, 1973, 10: 235~246.

[90] Okubo S, Fukui K, Hashiba K. Long-term creep of water-saturated tuff under uniaxial compression [J]. Int J Rock Mech Min Sci, 2010, 47: 839~844.

[91] 喻勇, 王天雄. 三峡花岗岩劈裂抗拉特性与弹性模量的关系的研究 [J]. 岩石力学与工程学报, 2004, 23 (19): 3258~3261.

[92] Jeong H S, Obara Y, Sugawara K. The strength of rock under water vapor pressure [J]. Journal of Mining and Materials Processing Institue of Japan, 2003, 119 (1): 9~16.

[93] 高秀君, 大久保诚介, 福井胜则. 气干与湿润状态下多孔隙岩石的黏弹性特性与力学模型 [J]. 岩石力学与工程学报, 2007, 26 (7): 1325~1332.

[94] Okubo S, Gao X J, Fukui K. Deformation characteristics and a physical model for porous rocks under air-dried and water-saturated conditions [J]. Journal of the Mining and Materials Processing Institute of Japan, 2005, 121 (12): 583~589.

[95] Okubo S, Fukui K, Gao X J. Rheological behaviour and model for porous rocks under air-dried and water-saturated conditions [J]. The Open Civil Engineering Journal, 2008, 2: 88~98.

[96] Hashiba K, Lei M, Okubo S, et al. Strength recovery and loading-rate dependence of fractured rock [J]. Journal of the Mining and Materials Processing Institute of Japan, 2009, 125 (9): 481~488.